绿色食品
农药实用技术手册

中国绿色食品发展中心　组编
张志恒　陈　倩　主编

中国农业出版社

图书在版编目（CIP）数据

绿色食品农药实用技术手册 / 张志恒，陈倩主编；中国绿色食品发展中心组编．—北京：中国农业出版社，2015.12
（绿色食品标准解读系列）
ISBN 978－7－109－21392－0

Ⅰ.①绿…　Ⅱ.①张…　②陈…　③中…　Ⅲ.①绿色食品-农药施用-技术手册　Ⅳ.①S48－62

中国版本图书馆 CIP 数据核字（2015）第 315293 号

中国农业出版社出版
（北京市朝阳区麦子店街 18 号楼）
（邮政编码 100125）
责任编辑　李文宾　冀　刚

中国农业出版社印刷厂印刷　　新华书店北京发行所发行
2016 年 3 月第 1 版　　2016 年 3 月北京第 1 次印刷

开本：700mm×1000mm　1/16　　印张：12.75
字数：210 千字
定价：36.00 元

丛书编委会名单

本书编写人员名单

主　　编： 张志恒　陈　倩
副 主 编： 方丽槐　王　强
编写人员（按姓名笔画排序）：
于国光　王　强　方丽槐　杨桂玲
汪　雯　张志恒　陈　倩　郑蔚然
赵慧宇　蔡　铮　滕锦程

序

“绿色食品”是我国政府推出的代表安全优质农产品的公共品牌。20多年来，在中共中央、国务院的关心和支持下，在各级农业部门的共同推动下，绿色食品事业发展取得了显著成效，构建了一套“从农田到餐桌”全程质量控制的生产管理模式，建立了一套以“安全、优质、环保、可持续发展”为核心的先进标准体系，创立了一个蓬勃发展的新兴朝阳产业。绿色食品标准为促进农业生产方式转变，推进农业标准化生产，提高农产品质量安全水平，促进农业增效、农民增收发挥了积极作用。

当前，食品质量安全受到了社会的广泛关注。生产安全、优质的农产品，确保老百姓舌尖上的安全，是我国现代农业建设的重要内容，也是全面建成小康社会的必然要求。绿色食品以其先进的标准优势、安全可靠的质量优势和公众信赖的品牌优势，在安全、优质农产品及食品生产中发挥了重要的引领示范作用。随着我国食品消费结构加快转型升级和生态文明建设战略的整体推进，迫切需要绿色食品承担新任务、发挥新作用。

标准是绿色食品事业发展的基础，技术是绿色食品生产的重要保障。由中国绿色食品发展中心和中国农业出版社联合推出的这套《绿色食品标准解读系列》丛书，以产地环境质量、肥料使用准则、农药使用准则、兽药使用准则、渔药使用准则、食品添加剂使用准则以及其他绿色食品标准为基础，对绿色食品产地环境的选择和建设，农药、肥料和食品添加剂的合理选用，兽药和渔药的科学使用等核心技术进行详细解读，同时辅以相关基础知识和实际操作技术，必将对宣贯绿色食品标准、指导绿色食品生产、提高我国农产品的质量安全水平发挥积极的推动作用。

农业部农产品质量安全监管局局长 马爱国

2015 年 10 月

前言

绿色食品要求在生产过程中更加严格地控制农药的使用，规范绿色食品生产农药使用行为的基本准则是《绿色食品　农药使用准则》（NY/T 393）。该标准于2000年首次发布，2013年进行了修订，并于2014年4月1日起实施。由于新版标准修改较大，为了给绿色食品的生产、认证和检测人员及其他标准使用者正确理解新版标准与合理使用农药提供指导，根据中国绿色食品发展中心的要求，组织新版标准的主要起草者编写了《绿色食品　农药实用技术手册》。

本书共分为3章：第1章主要介绍农药的基本知识、发展简史、作用、危害及管理概况等；第2章作为本书重点，对新版《绿色食品　农药使用准则》（NY/T 393—2013）进行系统解读，并提供了一些实际操作指导和实例分析；第3章介绍一些相关的生产实用技术，包括作物病虫草害的非农药防治技术和农药合理使用技术等。

本书适用于绿色食品的产品标准和生产技术规程制定、生产管理、认证检查、监督抽查、样品检验和符合性判定等过程，也可供其他农产品安全生产和质量安全管理人员及大专院校师生参考。

本书在策划和编写过程中自始至终得到了中国绿色食品发展中心科技标准处的指导，在此深表感谢！同时，也向本书中引用其著述的参考文献作者们表示诚挚的谢意！

限于作者的学识水平，加上时间仓促，书中疏漏和错误之处在所难免，恳请各位专家和读者批评指正。

编　者

2015年11月

目　录

第1章 农药概述

1.1 农药发展简史

1.1.1 早期农药发展

农药的使用可追溯到公元前1 000多年。在古希腊，已有用硫黄熏蒸防治病虫害的记录；中国也在公元前7世纪至公元5世纪用莽草、蜃炭灰、牡鞠等灭杀害虫。公元900年后，中国使用雌黄（三硫化二砷）防治园艺害虫。到17世纪，陆续发现了一些真正具有实用价值的农用药物，如把烟草、松脂、除虫菊、鱼藤等杀虫植物加工成制剂作为农药使用。1763年，法国用烟草及石灰粉防治蚜虫；1800年，美国人Jimtikoff发现高加索部族用除虫菊粉灭杀虱、蚤；到1828年，已有将除虫菊加工成防治卫生害虫的杀虫粉出售；1848年生产出了鱼藤根粉。而开发最早的无机农药当数1851年法国M. Grison用等量的石灰与硫黄加水共煮制取的石硫合剂雏形——Grison水。到1882年，法国的P. M. A. Millardet在波尔多地区发现硫酸铜与石灰水混合也有防治葡萄霜霉病的效果，由此出现了波尔多液，并从1885年起作为保护性杀菌剂迅速推广。目前，波尔多液及石硫合剂仍在广泛应用。

1.1.2 世界现代农药发展

20世纪40年代初出现了滴滴涕、六六六等有机氯类农药，标志着农药发展进入了有机合成时代。第二次世界大战后，出现了有机磷类杀虫剂；50年代又发展了氨基甲酸酯类杀虫剂。50～60年代，有机氯、有机磷和氨基甲酸酯等有机合成农药迅速成为世界农药的支柱，似乎有了有机合成农药的神器就可以轻松地解决作物病虫害问题。在此期间，有机合成农药用量的快速增加，在有效提高农作物产量的同时，也暴露了对环境和健康的危害。

1962年，美国作家蕾切尔·卡逊的《寂静的春天》问世。它那惊世骇俗的关于农药危害人类环境的预言，不仅受到与之利害攸关的生产与经济部门的猛烈抨击，而且也强烈震撼了广大民众。伴随着旷日持久的“反《寂静的春天》运动”，越来越多的人意识到有机合成农药（特别是有机氯农药）对人类环境和健康的危害。从20世纪70年代开始，许多国家陆续禁用滴滴涕、六六六等高残留有机氯农药和有机汞农药，并建立了环境保护机构，以进一步加强对农药的管理。例如，世界上农药用量和产量最大的美国于1970年建立了环境保护法，把农药登记审批工作由农业部划归环保局管理，并把慢性毒性及对环境影响列于评估的首位。鉴于此，不少农药公司将农药开发的目标指向高效、低毒的方向，并十分重视它们对生态环境的影响。《寂静的春天》改变了世界农药的发展方向，开启了人类的环境保护事业，在农药和环保发展史上具有里程碑意义。

20世纪70年代以来，有三大重要的理念深刻地影响着农药的发展：一是从生态学原理出发，提出了“预防为主，综合防治”的植保方针，改变了以往过度依靠农药的思想，把使用农药作为综合防治的最后选择；二是农药开发强调高效、低毒、低残留和高选择性，有机合成农药实现更新换代；三是拓展农药概念，将能够控制有害生物的生物纳入农药范畴，促进了生物农药的发展。在新的理念指导下，高效、低毒、低残留和高选择性的农药品种大量出现，农药发展逐渐走上了可持续的轨道。70年代以来开发的农药主要有：拟除虫菊酯类、沙蚕毒类等仿生杀虫剂；几丁质合成抑制剂等昆虫生长调节剂类杀虫剂，如噻嗪酮、灭幼脲、杀虫隆、伏虫隆、抑食肼、定虫隆、烯虫酯等；昆虫行为调节剂类杀虫剂，包括信息素、拒食剂等；麦角甾醇生物合成抑制剂类杀菌剂，包括吗啉类、哌嗪类、咪唑类、三唑类、吡唑类和嘧啶类等；磺酰脲类和咪唑啉酮类除草剂；农用抗生素类农药，如多抗霉素、井冈霉素、春雷霉素等杀菌剂，阿维菌素、多杀霉素、乙基多杀菌素等杀虫剂，双丙氨膦等除草剂和S-诱抗素等植物生长调节剂；生物化学产物类农药，如避蚊胺、驱蚊酯等杀虫剂，氨基寡糖素、低聚糖素、菇类蛋白多糖等杀菌剂，苄氨基嘌呤、芸薹素内酯、三十烷醇等植物生长调节剂；微生物农药，如苏云金杆菌、枯草芽孢杆菌、菜青虫颗粒体病毒等；商业化的天敌生物，如寄生蜂、瓢虫、草蛉、食蚜蝇、捕食螨等。

1.1.3　中国现代农药发展

我国现代农药的研究始于1930年，主要标志是在浙江植物病虫

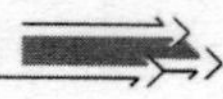

防治所建立了药剂研究室，这是我国最早的农药研究机构。到 1935 年，中国开始使用烟碱、鱼藤酮（鱼藤根）等植物性农药防治棉花、蔬菜蚜虫。1943 年，在重庆市江北建立了中国首家农药厂，主要生产硫化砷等无机砷农药和植物性农药，1946 年开始小规模生产滴滴涕。

新中国成立后，中国农药工业才得以真正发展。1950 年中国能够生产六六六，并于 1951 年首次使用飞机喷洒滴滴涕灭蚊、喷洒六六六治蝗。1957 年，中国成立了第一家有机磷杀虫剂生产企业——天津农药厂，开始了对硫磷（1605）、内吸磷（1059）、甲拌磷、敌百虫等有机磷农药的生产。20 世纪 60～70 年代，主要发展有机氯、有机磷及氨基甲酸酯类杀虫剂。

20 世纪 70 年代，我国农药产量已经能够初步满足国内市场需要，年年成灾的蝗虫、黏虫、螟虫等害虫得以有效控制。同时，我国独立创制的井冈霉素投入工业化生产和大规模的农业应用。1983 年停止了高残留有机氯杀虫剂六六六、滴滴涕的生产，开启了高毒高残留农药的替代进程。20 世纪 90 年代以来，我国开始发展绿色食品、有机食品和无公害农产品，进一步促进了高效低毒低残留农药新品种的开发。农药开发虽然仍以仿制为主，但自主创制品种明显增加，与发达国家的差距显著缩小。进入 21 世纪后，我国农药在国际市场上的竞争力明显增强，已成为世界农药的主要出口国之一。作为推进高风险农药替代的重要措施，至今有 9 个有关农药禁限用的农业部公告，加上农药管理条例实施办法和我国签署的斯德哥尔摩公约，共包括禁用农药 45 种（类）、限用农药 22 种（类）。

1.2　农药相关基本知识

1.2.1　农药定义

按照《农药管理条例》第二条，农药是指用于预防、消灭或者控制危害农业、林业的病、虫、草和其他有害生物以及有目的地调节植物、昆虫生长的化学合成或者来源于生物、其他天然物质的一种物质或者几种物质的混合物及其制剂。包括：

第一，预防、消灭或者控制危害农业、林业的病、虫（包括昆虫、蜱、螨）、草和鼠、软体动物等有害生物的。

第二，预防、消灭或者控制仓储病、虫、鼠和其他有害生物的。

第三，调节植物、昆虫生长的。

第四，用于农业、林业产品防腐或者保鲜的。

第五，预防、消灭或者控制蚊、蝇、蜚蠊、鼠和其他有害生物的。

第六，预防、消灭或者控制危害河流堤坝、铁路、机场、建筑物和其他场所的有害生物的。

但在某些场合，农药的概念已经有了扩展。如一些发达国家早已开始将天敌生物作为农药登记使用，近年又有将转基因生物作为农药登记使用。我国在农业部2007年发布的《农药登记资料规定》中也已经将转基因生物和天敌生物列入了特殊农药的范畴，并已有天敌生物（如"松质·赤眼蜂"杀虫卡）获得了农业部农药登记。在《农药登记资料规定》中给出的转基因生物和天敌生物的定义如下：

转基因生物：指具有防治《农药管理条例》第二条所述有害生物，利用外源基因工程技术改变基因组构成的农业生物。不包括自然发生、人工选择和杂交育种，或由化学物理方法诱变，通过细胞工程技术得到的植物和自然发生、人工选择、人工授精、超数排卵、胚胎嵌合、胚胎分割、核移植、倍性操作得到的动物以及通过化学、物理诱变、转导、转化、接合等非重组DNA方式进行遗传性状修饰的微生物。

天敌生物：指商业化的具有防治《农药管理条例》第二条所述有害生物的生物活体（微生物农药除外）。

本书所指的农药仍服从《农药管理条例》第二条的规定。

1.2.2　农药种类

目前，世界上使用的农药有效成分有上千种，我国登记使用的农药有600多种。按农药有效成分的来源可分为化学合成农药、生物源农药和矿物源农药。化学合成农药是指通过化学合成工艺改变原料的化学结构后获得的农药，也叫化学农药、有机合成农药、人工合成农药等。其中，有些以天然产品中的活性物质为母体进行仿制，结构改造，创新而成，为仿生合成农药。生物源农药是指直接利用生物活体或生物代谢过程中产生的具有生物活性的物质或从生物体提取的物质用作防治病虫草害的农药。矿物源农药是指有效成分来源于矿物的无机化合物和石油类农药。

农药还有其他分类方法，如按照防治对象、作用方式、组分特性、使用方法等。农药的主要类型如图1-1所示。

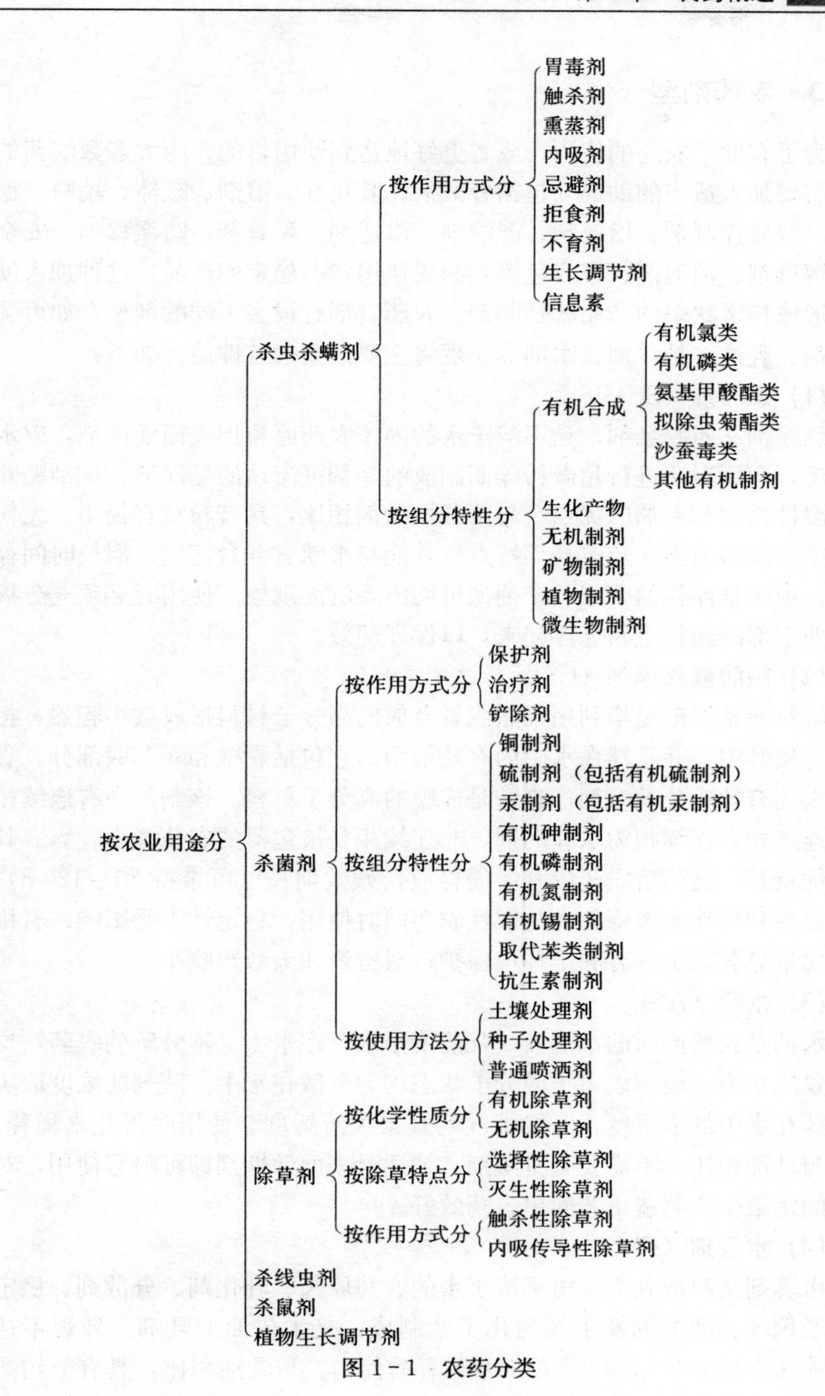
按农业用途分
杀虫杀螨剂
按作用方式分
胃毒剂
触杀剂
熏蒸剂
内吸剂
忌避剂
拒食剂
不育剂
生长调节剂
信息素
按组分特性分
有机合成
有机氯类
有机磷类
氨基甲酸酯类
拟除虫菊酯类
沙蚕毒类
其他有机制剂
生化产物
无机制剂
矿物制剂
植物制剂
微生物制剂
杀菌剂
按作用方式分
保护剂
治疗剂
铲除剂
按组分特性分
铜制剂
硫制剂（包括有机硫制剂）
汞制剂（包括有机汞制剂）
有机砷制剂
有机磷制剂
有机氮制剂
有机锡制剂
取代苯类制剂
抗生素制剂
按使用方法分
土壤处理剂
种子处理剂
普通喷洒剂
除草剂
按化学性质分
有机除草剂
无机除草剂
按除草特点分
选择性除草剂
灭生性除草剂
按作用方式分
触杀性除草剂
内吸传导性除草剂
杀线虫剂
杀鼠剂
植物生长调节剂

图1-1 农药分类

1.2.3　农药剂型

为了有助于农药的使用，或者更好地达到使用目的，绝大多数农药的原药需要加入适当的助剂（包括分散剂、乳化剂、溶剂、载体、填料、稳定剂、释放控制剂、增效剂、湿润剂、渗透剂、黏着剂、防漂移剂、安全剂、解毒剂、消泡剂、警戒色等）制成使用状态稳定的产品，这种加入助剂后形成稳定状态的产品就是制剂。农药制剂有很多不同的剂型，如可湿性粉剂、乳油、悬浮剂、水剂等。现将主要剂型的特性简介如下：

（1）悬浮剂（SC）

悬浮剂又叫胶悬剂，是不溶于水的固体农药原粉加表面活性剂，以水为介质，利用湿法进行超微粉碎而制成的黏稠可流动的悬浮液。该剂型兼有可湿性粉剂和乳油的优点。与可湿性粉剂相比，具有粉粒直径小、无粉尘污染、渗透力强、药效高等特点，并能与水随意混合使用。但长时间存放后，由于悬浮粒的下沉，该剂型可能出现沉淀现象。使用时必须充分摇动，使下部的药粒重新悬浮起来，以保证药效。

（2）微胶囊悬浮剂（CS）

微胶囊悬浮剂是指利用天然或者合成的高分子材料形成微小容器，将农药包覆其中，并悬浮在水中的农药剂型。它包括囊壁和囊芯两部分，囊芯是农药有效成分及溶剂，囊壁是成膜的高分子材料。该制剂中有连续相和非连续相，连续相为水和助剂，非连续相是被包覆的农药微小胶囊。其主要优点是：施药后农药成分缓慢释放，残效期长（可维持 80～120 d）；接触毒性和异味大大降低；与碱性农药同时使用，稳定性不受影响；有机溶剂用量显著减少，有利于环境保护；对蜜蜂和天敌影响小。

（3）水剂（AS）

水剂是农药原药的水溶液。凡能溶于水，在水中又不分解的农药，均可配置成水剂。药剂以离子或分子状态均匀分散在水中。药剂的浓度取决于原药在水中的溶解度，一般情况是其最大溶解度，使用时再兑水稀释。水剂与乳油相比，不需要有机溶剂，加适量表面活性剂即可喷雾使用，对环境的污染少，制造工艺简单，药效好。

（4）水乳剂（EW）

水乳剂又叫浓乳剂，由不溶于水的农药原药、乳化剂、分散剂、稳定剂、增稠剂、助溶剂及水经匀化工艺制成，是水包油型乳剂。外观不透明，油珠直径 0.2～2 μm，可加水稀释后使用。与乳油相比，具有节约溶剂、对环境污染小的特点。

 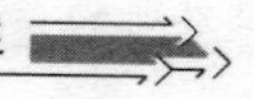

(5) 微乳剂（ME）

微乳剂由有效成分、乳化剂、防冻剂和水等助剂制成，是透明或半透明的液体。由于形成的乳状液粒子直径非常小（0.01～0.10 μm），兑水使用时看不到乳油兑水时形成的白色乳状液，因而又叫水基乳油、可溶化乳油。与乳油相比，微乳剂不使用大量有机溶剂，贮运和使用安全，环境污染小，药液的刺激性小。

(6) 颗粒剂（GR）

颗粒剂是由农药原药或加工制剂和粗细相等的载体陶土或细沙、黏土、煤渣、玉米芯等均匀混合制成的颗粒状制剂（颗粒直径一般在 250～600 μm）。颗粒剂的特点是药效高、残效期长、使用方便、无粉尘飞扬、贮存稳定性好。

(7) 水分散粒剂（WG）

水分散粒剂是将固体农药原药、湿润剂、分散剂、增稠剂等助剂和填料混合加工造粒而成，遇水迅速崩解分散为悬浮剂。具有流动性好、使用方便、贮藏稳定性好、有效成分含量高（一般在 50%～90%）等特点，兼有可湿性粉剂和悬浮剂的优点。

(8) 可溶性粒剂（SG）

可溶性粒剂是有效成分能溶于水的原药与一些非水溶性的惰性助剂和填料混合制成的颗粒状制剂。可溶性粒剂入水后能完全溶解在水中，有效成分利用率极高，基本上能够达到 90%以上，是一种特别先进的剂型，符合国际农药剂型的发展方向。

(9) 可溶粉剂（SP）

可溶粉剂是指由水溶性较大的农药原药或水溶性较差的原药附加了亲水基，与水溶性无机盐和吸附剂等混合磨细后制成农药剂型。粉粒细度要求 98%通过 80 目筛，有效成分可溶于水，填料能极细地均匀分散到水中。本剂型防治效果比可湿性粉剂高，使用方便，便于包装运输。但湿润展布性能比乳剂差。可溶性粉剂及可湿性粉剂均易被雨水冲刷而污染土壤和水体。故应选择雨后有几个晴天时对农田施药，以减少污染。

(10) 可溶液剂（SL）

可溶液剂虽是一种传统的老剂型，但剂型中农药活性成分呈分子或离子状态分散在介质（亲水性极性溶剂）中，直径小于 0.001 μm，是分散度极高的真溶液，外观透明的制剂。用水稀释后，得到的稀释液仍为透明溶液。

(11) 悬浮种衣剂（FSC）

悬浮种衣剂是由有效成分（杀虫剂、杀菌剂、植物生长调节剂、微量元素等）、成膜剂（聚乙烯醇、聚乙二醇、明胶、阿拉伯胶、黄原胶、高分子有机化合物等）、湿润剂、分散剂、增稠剂、警戒色、填料和水经湿法粉碎而制成的一种稳定、均匀、可流动的悬浮液。使用时，借用一定的设备将已制备好的种衣剂包在种子表面。其最突出的优点是防治苗期病虫害效果好，既省工省种，又能保护天敌，增加对人畜的安全性和减少对环境的污染。

(12) 熏蒸剂（VP）

熏蒸剂是利用农药有效成分本身具有在常温下挥发出有毒气体或者经过一定的化学作用产生有毒气体特性，一般不需再行加工配制，可直接施用原药作为熏蒸剂。主要用于防治具有密闭或近于密闭条件的场所中的有害生物，如土壤（覆盖地膜）和棚室、仓库、车厢、船舱等。熏蒸剂一般没有农药助剂，且对隐蔽场所中的有害生物防治非常有效。

(13) 烟剂（FU）

烟剂是一种或多种农药与助燃剂（如锯末、煤粉、木炭粉、蔗糖等）和氧化剂（如氯酸钾、硝酸钠）配制而成的细粉状混合物。使用时，用火点燃即可燃烧发烟，但没有火焰。药剂因受热升华成细小的微粒，像烟一样分散在空中，并沉降到靶标上起到杀虫防病的作用。烟剂的特点是使用方便、节省劳力，并能扩散到任何角落和缝隙中，很适宜防治仓库和棚室中的病虫害。

(14) 可湿性粉剂（WP）

可湿性粉剂是用农药原药、惰性填料和一定量的助剂，按比例经充分混合粉碎后，达到一定粉粒细度的剂型。从形式上看，与粉剂无区别。但由于加入了湿润剂、分散剂等，加到水中后，能被水湿润、分散，形成悬浮液，可喷洒施用。与乳油相比，由于不使用溶剂和乳化剂，对环境相对较为安全。包装可用纸袋或塑料袋，储运方便、安全，包装材料也比较容易处理。

(15) 乳油（EC）

乳油是由不溶于水的原药、有机溶剂（苯、二甲苯等）和乳化剂配置加工而成的透明状液体。常温下密封存放两年，一般不会浑浊、分层和沉淀，加入水中迅速均匀分散成不透明的乳状液。制作乳油使用多种有机溶剂和助剂，使用后对环境影响较大，且很多有机溶剂属于易燃品，储运过程中应注意安全。

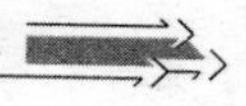

（16）粉剂（DP）

粉剂是由一种或多种农药原药和陶土、黏土等填料，经机械粉碎加工（粉粒细度要求直径在 74 μm 以下，一般应有 95%通过 200 目筛），混合制成的粉状混合物。粉剂不易被水湿润，也不能分散和悬浮在水中，所以不能加水喷雾施用。一般低浓度粉剂都是直接做喷粉使用，高浓度粉剂可做拌种、土壤处理或配制毒饵等。喷粉容易漂移和污染空气，对环境和职业健康影响较大。

1.3　农药的作用与危害

1.3.1　农药的作用

农药作为控制农林作物病、虫、草、鼠等有害生物危害的特殊商品，在保护农业生产、提高农业综合生产能力、促进粮食稳定增产和农民持续增收等方面，发挥着重要的作用。它是现代化农业不可或缺的生产资料。据联合国估计，亚、非、拉国家如果不用农药防棉花害虫，棉花将损失50%。而据我国的统计资料，每年因使用农药挽回的棉花损失达 70 多万 t。我国粮食作物由于使用化学农药，每年挽回的粮食损失占总产量的7%左右。对于我国这样一个人口众多、耕地紧张的大国，农药在缓解人口与粮食的矛盾中发挥着极其重要的作用。同时，使用农药带来的收益大体上为农药费用的 4 倍。显而易见，农药使用给人们带来了巨大的效益，为人类的生存做出了重大贡献。

我国是一个具有 13 亿多人口的大国，如能保持 18 亿亩* 耕地的红线不被突破，人均耕地也仅有 900 m^2。若我国 2/3 的粮食靠进口，则将全世界所有贸易粮食都卖给中国也不够。由此可见，要解决中国的粮食问题，只能依靠提高单位面积产量。而要提高产量，除了进一步改进栽培技术、改良品种以外，使用农药自然是一个主要手段。总之，在可以预见的将来，农药仍将在保持农业稳产、保障人类食物供应方面发挥重要作用。

1.3.2　农药的危害

为了防治植物病虫害，全球每年有 560 多万 t 化学农药被喷洒到自然环境中，而实际发挥作用的仅约 1%，其余 99%都散逸于土壤、空气及水体之中。环境中的农药在气象条件及生物作用下，在各环境要素间循环，

* 亩为非法定计量单位。1 亩＝1/15 hm^2。

造成农药在环境中重新分布，使其污染范围扩散，致使全球大气、水体（地表水、地下水）、土壤和生物体内都含有农药残留。据美国环保局报告，美国许多公用和农村家用水井里至少含有国家追查的农药中的1种。印第安纳大学对从赤道到高纬度寒冷地区90个地点采集的树皮进行分析，都检出滴滴涕、林丹、艾氏剂等农药残留。由于大气环流、海洋洋流及生物富集等综合作用，在曾被视为“环境净土”的格陵兰冰层、南极企鹅体内，均已检测出滴滴涕等农药残留。我国是世界农药生产和使用大国，致使部分地区土壤、水体及粮食、蔬菜、水果中农药残留超标，对环境、生物及人体健康构成了严重威胁。

（1）农药危害人类健康

急性中毒是指农药经口、呼吸道或皮肤接触而大量进入人体，在短时间内表现出急性病理反应。据世界卫生组织和联合国环境署报告，全世界每年有300多万人农药中毒，大部分发生在发展中国家。日本在1984—1988年死于有机磷杀虫剂的就有1 746名。据不完全统计，我国1992—1996年的5年时间里发生近25万件农药中毒案例，致死患者2万多人。1995年9月24日中央电视台报道，广西宾阳县一所学校的学生因食用喷洒过剧毒农药的白菜，造成540人集体农药中毒。进入21世纪以来，我国积极推进高毒农药的替代进程，农药急性中毒已明显减少，但仍时有发生。

长期接触或食用含有农药的食品，可使农药在体内不断蓄积，对人体健康构成潜在威胁。有机氯农药已被欧盟禁用30年，而德国一所大学对法兰克福、慕尼黑等城市的262名儿童进行检查，其中17名新生儿体内脂肪中含有聚氯联苯，含量高达1.6 mg/kg脂肪。我国哈尔滨市医疗部门对70名30岁以下的哺乳期妇女进行调查，发现她们的乳汁中都含有微量的六六六和滴滴涕。农药在人体内不断积累，短时间内虽不会引起人体出现明显急性中毒症状，但可产生慢性危害。美国科学家的研究表明，滴滴涕能干扰人体内激素的平衡，影响男性生育力。在加拿大的因内特，由于食用杀虫剂污染的鱼类及猎物，儿童和婴儿表现出免疫缺陷症，他们的耳膜炎和脑膜炎发病率是美国儿童的30倍。农药慢性危害虽不能直接危及生命，但可降低人体免疫力，从而影响人体健康，致使患病率及死亡率上升。

国际癌症研究机构根据动物实验确证，一些广泛使用的农药具有明显的致癌性。据估计，美国与农药有关的癌症患者数约占全国癌症患者总数的30%。越南战争期间，美军在越南喷洒了大量植物脱叶剂，致使不少

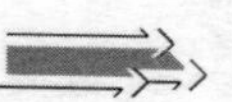

接触过脱叶剂的美军士兵和越南平民得了癌症、遗传缺陷及其他疾病。1989—1990年，匈牙利西南部仅有456人的林雅村，在生下的15名活婴中竟有11名为先天性畸形。其主要原因就是孕妇在妊娠期吃了经敌百虫处理过的鱼。我国也有研究认为农药引发男性不育，对动物有致癌、致突变作用。

(2) 农药危害生态环境

农药的使用必然杀伤大量非靶标生物，致使害虫天敌及其他有益生物死亡，严重时造成物种的消失和生物群落的迅速变迁。鸟类是农药的最大受害者之一。据研究，经克百威、甲拌磷、对硫磷、丰索磷等处理过的种子对鸟类杀伤力特大。美国曾经报道，在每公顷喷洒0.8 kg对硫磷的一块麦田里，一次便发现杀死1 200只加拿大鹅，而在另一块使用克百威的菜地里发现了1 400只鸭。美国每年因农药污染死亡的鸟类多达6 700多万只，仅克百威一种农药每年就杀死100万～200万只。埃及某农场的稻田内因大量使用对硫磷农药，一年便导致1 300头大型役用家畜中毒死亡。据报道，美国大约有20%的蜂群损失是由农药直接造成的。近年的研究发现，一些对人畜低毒的农药，如吡虫啉等，对蜂群也会产生严重的影响。蜜蜂的大量死亡，不仅直接降低蜂蜜产量，还使作物传粉率降低，影响作物产量和质量。据估计，全球每年因农药影响昆虫授粉而引起的农业损失达400亿美元之多。除草剂对农作物及其他植物的危害也是相当严重的。美国得克萨斯州西南部用飞机喷洒除草剂防治麦田杂草，由于药物漂移，使邻近棉田棉株大量死亡，损失达2 000万美元。在艾奥瓦州施用除草剂，由于土壤中农药残留造成大面积大豆死亡，损失达3 000万美元。

低剂量的农药虽然不立即杀死环境生物，但对生物会产生慢性危害，影响其生存和发展。一方面，农药影响生物原有的生活规律，使其生命活动受到影响；另一方面，生物长期生活在含有农药的环境中，通过取食、呼吸等生命活动而使农药在体内不断积累，最终造成危害，主要表现为免疫力、生殖力、抗逆力等降低。农药的生物富集是农药对生物间接危害的最严重形式，植物中的农药可经过食物链逐级传递并不断蓄积，对人和动物构成潜在威胁，并影响生态系统。农药生物富集在水生生物中尤为明显，如绿藻能把环境中微量的滴滴涕富集到220倍，水蚤能富集到10万倍。例如，以前美国明湖用滴滴涕防治蚊虫，湖水中含滴滴涕0.02 mg/kg，湖内绿藻含滴滴涕5.3 mg/kg，为水中的265倍，最后在食肉性鱼体中含量高达1 700 mg/kg，富集到85 000倍。

农田环境中有多种害虫和天敌，在自然环境条件下，它们相互制约，处于相对平衡状态。农药的大量使用杀死了大量害虫天敌，严重破坏了农田的生态平衡，并导致害虫产生抗药性。我国产生抗药性的害虫已遍及粮、棉、果、蔬、茶等作物的主要害虫。在冀、鲁、豫棉区，棉铃虫对溴氰菊酯的抗药性可达100～1 000倍，棉蚜的抗药性高达3 200倍以上。抗药性的不断提高成为害虫暴发成灾的内因。半个多世纪以来，全世界杀虫剂使用量增加了近10倍，而害虫造成的谷物产量损失却居高不下。害虫的猖獗为害迫使农民不断加大用药量和用药次数，严重污染了生态环境，使自然生态平衡遭到破坏。

另外，有些农药带有挥发性，在喷撒时可随风飘散，落在叶面上可随蒸腾气流逸向大气；土壤表层的农药也可蒸发到大气中；春季大风扬起裸露农田的浮土，也带着残留的农药形成大气颗粒物，飘浮在空中。例如，北京地区的大气中就检测出挥发性的有机污染物70种、半挥发性的有机污染物60种，其中，农药就有25种之多。飘浮在大气中的农药可随风做长距离的迁移，由农村到城市，由农业区到非农业区、到无人区。或者通过呼吸影响人体或生物的健康；或者通过干湿沉降落于地面，也污染不使用农药的地区，影响更为广阔地区的生态系统。

1.4 国内外农药管理概况

1.4.1 国际农药管理概况

1.4.1.1 现状

目前，参与全球农药管理的国际组织和地区组织主要有5个，即联合国粮农组织（FAO）、世界卫生组织（WHO）、FAO/WHO联合工作组、联合国环境规划署（UNEP）以及经济合作与发展组织（OECD）。这5个组织的工作各有侧重点，协同对全球农药进行管理。

(1) 联合国粮农组织

由植物生产及保护司（AGP）负责，主要职责是通过合理选择农药、减少农药使用量等途径降低农药风险，在保护作物的同时，保障农业可持续发展。近年的工作内容主要包括5个方面：

一是修订《国际农药管理行为守则》。

二是强化对高危险性农药（HHPs）的管理。

三是制定了《农药登记准则》、《农药质量管理准则》、《农药空包装管理准则》、《农药抗性预防和治理准则》等7项准则，推动规范管理。

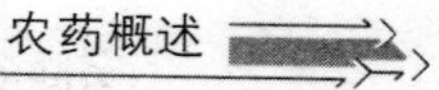

四是促进全球农药登记的地区合作和区域发展，开发了登记电子工具（toolkit），提高登记能力建设，同时推进登记协调统一。

五是开发了农药废弃物管理的指导技术手册（如 FAO Environmental Management Tool Kit for Obsolete Pesticides），与欧盟和日本等合作，开展农药废弃物和空包装的处理项目。

（2）世界卫生组织

有两个部门涉及农药管理，分别是农药评估管理处（WHOPES）和化学品安全处，主要工作职责为评估和协调农药等化学品的安全性、中毒急救中心建设和自杀预防，促进和协调农药的测试和评估方法。WHOPES 也收集、整合、评估和传播有关卫生用农药的使用信息，它的建议对成员国的农药登记有促进作用。WHOPES 的工作目标是找到安全的和经济的替代农药和施用方法；制定和推广正确选择卫生用农药和施药方法的政策、战略和指导方针，并协助和监督其会员国执行。

（3）FAO/WHO 联合工作组

FAO 和 WHO 对农药进行联合管理的组织包括 FAO/WHO 农药管理联席会议（JMPM）、FAO/WHO 农药残留专家联席会议（JMPR）、FAO/WHO 农药标准联席会议（JMPS），并成立国际食品法典农药残留委员会（CCPR）来共同讨论和解决当前农药管理及残留等问题。

JMPM 每年召开一次，主要负责起草、修改、审议农药管理的国际法规、各种农药管理的技术准则、讨论农药管理的国际新问题并提出建议。

JMPR 的主要职责是开展农药残留评估工作，提出全球一致的与农药残留有关的建议，提供给 CCPR 审议。JMPR 建议包括推荐的最大农药残留限量（MRLs）、每日允许摄入量（ADIs）和急性参考剂量（ARfD）等。

JMPS 负责审议制定所有农药原药标准和多数制剂标准。这些标准已成为判断农药产品质量高低的国际标准，不仅为各国农药管理、控制产品质量提供依据，而且在国际贸易中成为合同的重要内容。

CCPR 是国际食品法典委员会（CAC）的一个综合主题委员会。主要任务是召开年度会议，组织成员国进行农药相关标准及文件的审议。

（4）联合国环境规划署

设立 UNEP 的目的是降低全球范围不可持续的化学品管理对人类健康和环境带来的日益严重的风险。在 UNEP 的支持下发展了《斯德哥尔摩公约》、《巴塞尔公约》、《鹿特丹公约》和《蒙特利尔议定书》，这些国际公约和议定书共同为危险化学品的无害化管理提供了国际框架。

《关于持久性有机污染物的斯德哥尔摩公约》，简称《斯德哥尔摩公约》或《POPs公约》，2001年通过。持久性有机污染物是指具有高毒性、持久性和生物富集性，并在环境中长距离转移的化学品，其中大部分属于农药。该公约旨在消除或限制所有有意生产的持久性有机污染物，保护人类健康和环境不受持久性有机物影响。

《关于在国际贸易中对某些危险化学品和农药采用事先知情同意程序的鹿特丹公约》，简称《鹿特丹公约》或《PIC公约》，于1998年通过。过去30年化学品生产和贸易的迅速增长凸显了危险化学品和农药带来的潜在威胁，事先知情同意程序体现了危险化学品和农药国际贸易的相关方对风险的知情权，有利于对风险的控制。

《控制危险废料越境转移及其处置的巴塞尔公约》，简称《巴塞尔（Basel）公约》，于1989年通过。该公约旨在应对来自工业化国家的有毒废物被倾倒于发展中国家和经济处于过渡期的经济体所引发的担忧。

《关于消耗臭氧层的蒙特利尔议定书》，简称《蒙特利尔（Montreel）议定书》，于1987年通过。该公约是为实施《保护臭氧层维也纳公约》，对消耗臭氧层的物质进行具体控制的全球性协定。

近期，UNEP的主要工作包括制定全球化学品展望、化学品及农药环境污染分析技术准则以及主要针对发展中国家的化学品管理立法、技术支持和能力建设等。

（5）经济合作与发展组织

OECD负责农药管理的是其农药项目处（Pesticide Programe），目标旨在帮助各国政府联合评估和降低农药的风险。OECD鼓励各国政府分担农药登记工作，研究管理工具来监控和减少农药对健康和环境的风险。主要的工作领域包括农用化学农药登记、生物农药登记、农药测试和评估、减少农药风险、小作物农药登记、打击非法贸易等。

1.4.1.2　发展趋势

近年来，国际农药管理正在向着完善法规、强化安全、推进合作和统一标准的方向发展。

（1）完善法规

近年来，各国政府纷纷加强了农药管理立法，从各个环节对农药的生产、运输、销售、使用进行了严格的管理，使其有法可依。例如，欧盟颁布了有关生物杀灭剂产品的法规，并批准农药紧急使用授权指导纲要；阿

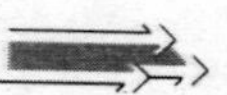

根廷更新农药登记要求；泰国和巴西制定执行了农药管理新规定。

（2）强化安全

强化农药安全管理的趋势主要体现在全球各地高毒农药禁限用继续深入，生物农药关注度持续升温，小作物登记工作正在加强，农药包装废弃物处理有序开展，干扰内分泌和蜂群健康的农药成分受到了特别的关注。

（3）推进合作

农药生产贸易和农产品贸易日益全球化，为达到节约社会资源、提高管理效率、降低市场准入成本等目的，各种相关的国际公约得以制定，农药管理呈现出国际化的趋势。区域性合作组织如OECD农药项目处等相继成立，各国合作不断增加，如推行国家间农药登记联合评审，使得企业在一国申报登记的资料在两国或多国均有效。我国也积极参与到这一趋势当中，与美国、加拿大、德国、澳大利亚、新西兰、巴西、乌克兰、印度等国都开展各种类型的农药管理合作。

（4）统一标准

国际上农药的相关技术标准趋于统一。GLP实验室的设立规范了登记试验管理和质量管理，实现了资料互认；全球化学品统一分类和标签制度（GHS）统一了农药等化学品的风险分类和管理；GRHS对登记格式和指标进行了统一；建立了全球登记资料统一申报系统（GHSTS）。

1.4.2　我国农药管理概况

1.4.2.1　发展历程

1978年11月1日，国务院批转《关于加强农药管理工作的报告》，要求由农林部负责审批农药新品种的投产和使用，复审农药老品种，审批进出口农药品种，督促检查农药质量和安全合理用药；恢复建立农药检定所，负责具体工作。1982年4月10日，农业部、林业部、化工部、卫生部、商业部、国务院环境保护领导小组联合颁布《农药登记规定》，并发布了《农药登记资料要求》，成立了由农业部牵头的首届农药登记评审委员会，形成了以登记评审委员会为核心、各专业部门分工协作的工作机制。1997年5月8日，国务院颁布实施了《中华人民共和国农药管理条例》，解决了我国长期以来农药管理无法可依的问题，标志着我国农药管理逐步走向法制化、规范化管理的道路。

此后，各部门、各地方相继制定并实施了一系列配套的部门规章和地方法规，进一步完善了农药管理的法制体系。在《农药管理条例》的框架下，农业部及相关部门制定并实施了《农药管理条例实施办法》、《农药登记资料规定》、《农药标签和说明书管理办法》、《农药生产管理办法》、《农药安全使用规定》、《农药限制使用管理规定》、《农药广告审查办法》等一系列部门规章和指导性文件，形成了比较完备的法规体系。农业部、国家卫生和计划生育委员会等部门还先后制定了农药质量、农药残留、农药安全使用、农药试验或检验方法技术规范（标准）525 项，形成了较完善的农药技术标准体系，增强了农药管理的可操作性。围绕《农药管理条例》的实施，各地也结合实际，制定了地方性的农药管理法规。改革开放 30 多年来，我国农药管理已初步形成了以法规体系为行政依据、以程序体系为行为规范、以管理体系为组织保障、以执行体系为技术支撑的基本格局。

近年来，食品中农药最大残留限量国家标准的制（修）定工作正在有序推进，《农药管理条例》的修订也接近完成，农药管理将迎来一个新的变革浪潮。

1.4.2.2 登记管理

目前，农药管理逐步由质量管理向质量和安全管理并重转变，农业部、工信部等管理部门相继出台措施，限制高毒农药使用，倡导低毒低残留农药使用，以保证农产品质量安全、环境安全、人畜安全。近年农药新增登记产品全部为中低毒农药，环保剂型比例达到 60%以上。2012 年 12 月底，在有效登记状态的农药有效成分共计 627 种，其中，正式登记 567 种、临时登记 60 种，包括杀虫剂 184 种（含杀螨剂）、杀菌剂 168 种（含杀线虫剂）、除草剂 169 种、植物生长调节剂 47 种、卫生杀虫剂 44 种、灭鼠剂 11 种、熏蒸剂 4 种。在有效登记状态的农药产品共 27 273 个，原药 3 116 个，制剂 24 157 个。正式登记产品 25 615 个，其中，大田用产品 23 765 个、卫生用产品 1 850 个；临时登记产品 1 162 个，其中，大田用产品 805 个、卫生用产品 357 个；分装登记产品 496 个。在有效登记状态的农药产品中，低毒微毒农药产品占农药产品总数 70%以上，高毒剧毒农药登记产品降至 2%以下，农药结构进一步优化，农药更加环保安全，适应了当前农业生产和社会公众的需要。

按照《农药剂型名称及代码》（GB/T 19378—2003），共有 190 种剂型分类。但目前我国实际登记的农药产品剂型仅有 22 种，仅占国家标准中剂型分类总数的 11.6%。其中，乳油剂型的农药产品数量最多，约占产品总数的 1/3；其次为可湿性粉剂，约占 1/5；但除了乳油和可湿性粉剂等剂型外，水剂、悬浮剂、水分散粒剂、水乳剂、微乳剂和可溶粉剂等

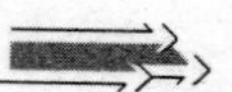

新型环保剂型近年明显增加，产品数量各有500～2 000个。

1.4.2.3 市场管理

近年来，农业部深入推进“高毒农药定点经营”和“低毒生物农药使用补贴”示范工作，不断加强农药市场监管，加大对零售市场和生产企业的农药产品监督抽查力度。农业部两度举办“农药市场监管年”专项活动。各级农业部门相继开展了“毒鼠强”专项整治、“高毒农药专项整治”、农药市场交叉检查、农药质量监督抽查等活动，严厉打击制售假劣农药违法行为，保障适销对路、质量可靠农药的有效供应。多地农药管理和农业执法部门正在试点建立农药销售和使用信息网络，实现农药流通和使用环节的可追溯。尽管相关管理部门采取了多种措施，加强了对农药市场的管理，但假冒伪劣、隐性添加和非法产销农药仍时有发现，需要进一步创新管理机制，确保农民用上“放心药”。

1.4.2.4 使用管理

长期以来，我国农药登记与使用存在严重脱节现象。虽然我国在开始农药登记之初，在登记信息里就有该农药产品的登记作物和防治对象的规定，在《农药管理条例实施办法》中更是明确规定“各级农业技术推广部门应当指导农民按照《农药安全使用规定》和《农药合理使用准则》等有关规定使用农药”，“农药使用者应当严格按照产品标签规定的剂量、防治对象、使用方法、施药适期、注意事项施用农药，不得随意改变”。但以往在农药的使用环节普遍存在忽视《农药安全使用规定》、《农药合理使用准则》和农药标签上的登记信息现象，农药的使用更多地依靠药效方面的经验。近年来，在农产品质量安全意识和规范农药使用行为方面的宣传教育引导下，在风险评估和相关执法检查的推动下，农业技术推广人员和农业生产者的规范用药意识显著增强，但同时也暴露了小宗作物农药登记无法满足生产实际需要的矛盾。目前，小宗作物农药登记问题已经受到相关管理部门和技术人员的关注，正在通过国际合作、技术和管理创新来探索解决的途径。

1.4.2.5 残留管理

长期以来，我国食品农药残留限量标准存在数量少和体系混乱的问题。特别是2012年前，同时存在多个国家标准和行业标准。在梳理整合的基础上，《食品安全国家标准　食品中农药最大残留限量》（GB 2763—

2012）发布实施，标准混乱的问题有了显著改善。经过《食品安全国家标准　食品中农药最大残留限量》（GB 2763—2014）的修订增补，涵盖了284种（类）食品（包括谷物、油料和油脂、蔬菜、水果、干制水果、坚果、糖料、饮料类、食用菌、调味料、药用植物、动物源食品12大类作物或产品）和387种农药，共3 650项限量指标，解决标准数量少的问题有了初步进展。2015年7月，《食品安全国家标准　食品中农药最大残留限量（草案）》（GB 2763—2015）在国家农药残留标准审评委员会第十二次全体会议上获得通过，限量指标将增加到4 140项，涵盖433种农药。

近10多年来，我国在加强农药残留标准体系建设的同时，也显著加强了农产品和食品中农药残留的监测和监管，如农业部门的例行监测、专项监测、风险评估和监督抽查计划，国家卫生和计划生育委员会的风险监测计划，国家食品药品监督管理总局的监督抽查计划等。

第2章

《绿色食品　农药使用准则》解读

本章对《绿色食品　农药使用准则》（NY/T 393—2013）进行解读。另外，该标准还专门设定了“绿色食品生产允许使用的农药和其他植保产品清单（附录A）”的持续完善机制，即如有必要，每年可在评估时对该清单进行修改。第一次修改已于2015年7月审定通过，进入报批程序，本章解读也包括这个修改单。

2.1　前言

【标准原文】

本标准按照GB/T 1.1—2009给出的规则起草。

本标准代替NY/T 393—2000《绿色食品　农药使用准则》。与NY/T 393—2000相比，除编辑性修改外主要技术变化如下：

——增设引言；

——修改本标准的适用范围为绿色食品生产和仓储（见第1章）；

——删除6个术语定义，同时修改了其他2个术语的定义（见第3章）；

——将原标准第5章悬置段中有害生物综合防治原则方面的内容单独设为一章，并修改相关内容（见第4章）；

——将可使用的农药种类从原准许和禁用混合制改为单纯的准许清单制。删除原第4章“允许使用的农药种类”、原第5章中有关农药选用的内容和原附录A，设“农药选用”一章规定农药的选用原则，将“绿色食品生产允许使用的农药和其他植保产品清单”以附录的形式给出（见第5章和附录A）；

——将原第5章的章标题“使用准则”改为“农药使用规范”，增加了关于施药时机和方式方面的规定，并修改关于施药剂量（或浓度）、施药次数和安全间隔期的规定（见第6章）；

——增设“绿色食品农药残留要求”一章，并修改残留限量要求（见

第 7 章）。

本标准的历次版本发布情况为：

——NY/T 393—2000。

【内容解读】

《绿色食品　农药使用准则》标准 2000 年首次发布，2013 年发布了第一次修订版。这次修订，除编辑性修改外，主要有 7 个方面的技术变化。本章的第 4～8 节，对这些技术变化将进行具体的解读。

另外，按照 2013 年版标准建立的允许使用农药清单持续完善机制，2015 年提出了允许使用农药清单的局部调整方案，并已通过了专家组审定（待审批后发布）。后文解读述及允许使用农药清单时也会结合介绍这次调整内容。

2.2　引言

【标准原文】

绿色食品是指产自优良生态环境、按照绿色食品标准生产、实行全程质量控制并获得绿色食品标志使用权的安全、优质食用农产品及相关产品。规范绿色食品生产中的农药使用行为，是保证绿色食品符合性的一个重要方面。

NY/T 393—2000 在绿色食品的生产和管理中发挥了重要作用。但 10 多年来，国内外在安全农药开发等方面的研究取得了很大进展，有效地促进了农药的更新换代；且农药风险评估技术方法、评估结论以及使用规范等方面的相关标准法规也出现了很大的变化。同时，随着绿色食品产业的发展，对绿色食品的认识趋于深化，在此过程中积累了很多实际经验。为了更好地规范绿色食品生产中的农药使用，有必要对 NY/T 393—2000 进行修订。

本次修订充分遵循了绿色食品对优质安全、环境保护和可持续发展的要求，将绿色食品生产中的农药使用更严格地限于农业有害生物综合防治的需要，并采用准许清单制进一步明确允许使用的农药品种。允许使用农药清单的制定以国内外权威机构的风险评估数据和结论为依据，按照低风险原则选择农药种类，其中，化学合成农药筛选评估时采用的慢性膳食摄入风险安全系数比国际上的一般要求提高 5 倍。

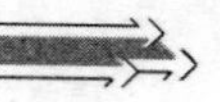

【内容解读】

旧版的准则类标准没有引言，考虑到准则类标准在绿色食品标准体系中处于比较基础的地位，需要对一些关系和编写原则等做必要的交代，此次修订按照中国绿色食品发展中心的统一要求，增设引言，主要对本标准的重要性和修订的必要性，以及修订的原则和依据等做说明。

（1）本标准的重要性

《绿色食品 农药使用准则》在绿色食品标准体系中处于一个相对基础的地位，涉及面很广；而且农药的使用行为对绿色食品的生态环保、安全优质和全程标准化质控属性都有重大的影响力。因此，规范绿色食品生产中的农药使用行为，是保证绿色食品符合性的一个重要方面。

（2）修订的必要性

原标准 NY/T 393—2000《绿色食品 农药使用准则》是 2000 年制定的，10 多年来，国内外在安全农药开发等方面的研究取得了很大进展，特别是生物农药有了显著的发展，有效地促进了农药的更新换代。且农药风险评估技术方法、评估结论以及使用规范等方面的相关标准法规也出现了很大的变化。同时，随着绿色食品产业的发展，对绿色食品的认识趋于深化，在此过程中积累了很多新的经验。现在看来，2000 年版《绿色食品 农药使用准则》的问题主要有：

第一，第 4 章以及第 5 章中的大部分篇幅规定的是允许使用的农药种类，第 5 章中的部分条款（含附录 A）述及禁用农药。那么对于既非允许，又非禁用的农药，则容易造成理解上的歧义。标准实施 10 多年来，实际执行的主要是禁用的规定，而关于允许使用农药种类的规定则很少顾及。

第二，将有机合成的植物生长调节剂全部列为禁用，而实际生产中对这类产品的需求较大，国内外的大量研究证明其中有多种安全性很高的产品。

第三，有机合成农药按 GB 4285、GB 8321.1、GB 8321.2、GB 8321.3、GB 8321.4 和 GB/T 8321.5 执行，意味着只能使用这几个准则中列出的农药及其适用作物，而其农药种类和适用的作物范围都有很大的局限性。加上其中有些农药已禁用，可用的农药更少，而且这几个准则选择农药的原则与绿色食品不是很吻合。

第四，绿色食品生产资料农药类产品的认证可行性差，至今基本未进行认证。

第五，允许使用农药和禁用农药的确定缺少风险评估基础。

因此，本标准的修订对于完善绿色食品标准体系，规范农药使用行为，更好地与食品安全和农药管理等方面的相关标准法规协调，促进绿色食品事业的健康发展具有重要的意义。

(3) 修订的原则和依据

本次修订充分遵循了绿色食品对优质安全、环境保护和可持续发展的要求，将绿色食品生产中的农药使用更严格地限于农业有害生物综合防治的需要，主要原则和依据如下：

一是 GB/T 1.1—2009 的要求。

二是保持与食品安全和农药管理等方面的相关标准法规协调性。

三是简洁、明确，便于使用者理解，如采用准许清单制进一步明确允许使用的农药品种。

四是在产品农药残留、农药职业危害和环境影响的风险控制水平方面较常规农产品生产有较大的提高，同时又能基本满足绿色食品生产对农药的需求。

五是以风险评估结果为依据，其中允许使用农药清单的制定以国内外权威机构的风险评估数据和结论为依据，按照低风险原则选择农药种类，其中化学合成农药筛选评估时采用的慢性膳食摄入风险安全系数比国际上的一般要求提高 5 倍。

2.3 范围

【标准原文】

1 范围

本标准规定了绿色食品生产和仓储中有害生物防治原则、农药选用、农药使用规范和绿色食品农药残留要求。

本标准适用于绿色食品的生产和仓储。

【内容解读】

本标准作为绿色食品标准体系中的一个重要的基础性标准，目的应是规范绿色食品生产和采后处理过程中的农药使用行为。而 2000 年版《绿色食品 农药使用准则》对其适用范围表述为“本标准适用于在我国取得登记的生物源农药（biogenic pesticides）、矿物源农药（pesticides of fossil origin）和有机合成农药（synthetic organic pesticide）”。这个表述没有

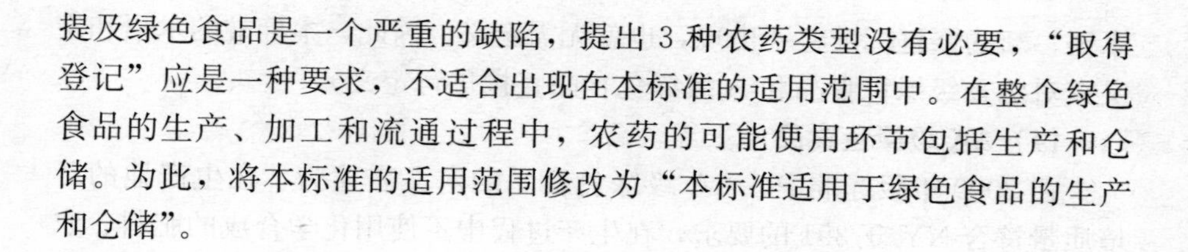

提及绿色食品是一个严重的缺陷，提出3种农药类型没有必要，“取得登记”应是一种要求，不适合出现在本标准的适用范围中。在整个绿色食品的生产、加工和流通过程中，农药的可能使用环节包括生产和仓储。为此，将本标准的适用范围修改为“本标准适用于绿色食品的生产和仓储”。

2.4 术语和定义

【标准原文】

3 术语和定义

NY/T 1667界定的及下列术语和定义适用于本文件。

3.1

AA级绿色食品 AA grade green food

产地环境质量符合NY/T 391的要求，遵照绿色食品生产标准生产，生产过程中遵循自然规律和生态学原理，协调种植业和养殖业的平衡，不使用化学合成的肥料、农药、兽药、渔药、添加剂等物质，产品质量符合绿色食品产品标准，经专门机构许可使用绿色食品标志的产品。

3.2

A级绿色食品 A grade green food

产地环境质量符合NY/T 391的要求，遵照绿色食品生产标准生产，生产过程中遵循自然规律和生态学原理，协调种植业和养殖业的平衡，限量使用限定的化学合成生产资料，产品质量符合绿色食品产品标准，经专门机构许可使用绿色食品标志的产品。

【内容解读】

2000年版标准定义了8个术语，即绿色食品、AA级绿色食品、A级绿色食品、生物源农药、矿物源农药、有机合成农药、AA级绿色食品生产资料和A级绿色食品生产资料。2008年，我国农业行业标准中发布了《农药登记管理术语》系列标准（NY/T 1667，共8部分），生物源农药、矿物源农药、有机合成农药等大量农药范畴的术语都已给出了定义。2012年，农业部以部令第6号发布《绿色食品标志管理办法》，其中对绿色食品进行了定义。本标准对农业部令2012年第6号和NY/T 1667已有定义的绿色食品、生物源农药、矿物源农药、有机合成农药等术语，将引用其定义。至于AA级绿色食品生产资料和A级绿色食品生产资料等特殊的术语，新的修订标准将不出现，也就无需定义。因此，本标准的术语和定义只对AA级绿色食品和A级绿色食品直接进行定义。

（1）AA级绿色食品

在2000年版标准中，AA级绿色食品的定义表述为“在生产地的环境质量符合NY/T 391的要求，在生产过程中不使用化学合成的肥料、农药、兽药、饲料添加剂、食品添加剂和其他有害于环境和健康的物质，按有机生产方式生产，产品质量符合绿色食品产品标准，经专门机构认定，许可使用AA级绿色食品标志的产品”。

新版标准修改为“产地环境质量符合NY/T 391的要求，遵照绿色食品生产标准生产，生产过程中遵循自然规律和生态学原理，协调种植业和养殖业的平衡，不使用化学合成的肥料、农药、兽药、渔药、添加剂等物质，产品质量符合绿色食品产品标准，经专门机构许可使用绿色食品标志的产品”。与2000年版标准相比，除文字性修改外，主要变化为：

一是将“按有机生产方式生产”改为“遵照绿色食品生产标准生产，生产过程中遵循自然规律和生态学原理，协调种植业和养殖业的平衡”。这一修改主要考虑到绿色食品已经建立起了独立于有机食品和比较完整的标准体系，并有良好的社会影响力，同时突出绿色食品的生态环保属性。

二是将“不使用化学合成的肥料、农药、兽药、饲料添加剂、食品添加剂和其他有害于环境和健康的物质”改为“不使用化学合成的肥料、农药、兽药、渔药、添加剂等物质”。这一修改主要考虑到现行的绿色食品标准体系中有独立于兽药的《绿色食品　渔药使用准则》，而“添加剂”可以涵盖“饲料添加剂”和“食品添加剂”。

（2）A级绿色食品

在2000年版标准中，A级绿色食品的定义表述为“生产地的环境质量符合NY/T 391的要求，生产过程中严格按照绿色食品生产资料使用准则和生产操作规程要求，限量使用限定的化学合成生产资料，产品质量符合绿色食品产品标准，经专门机构认定，许可使用A级绿色食品标志的产品”。

新版标准修改为“产地环境质量符合NY/T 391的要求，遵照绿色食品生产标准生产，生产过程中遵循自然规律和生态学原理，协调种植业和养殖业的平衡，限量使用限定的化学合成生产资料，产品质量符合绿色食品产品标准，经专门机构许可使用绿色食品标志的产品”。与2000年版标准相比，除文字性修改外，主要变化是将“生产过程中严格按照绿色食品生产资料使用准则和生产操作规程要求”修改为“遵照绿色食品生产标准生产，生产过程中遵循自然规律和生态学原理，协调种植业和养殖业的平衡”。这一修改主要考虑新的表述能够更全面地反映对生产过程的要求，并突出绿色食品的生态环保属性。

2.5 有害生物防治原则

【标准原文】

4 有害生物防治原则

4.1 以保持和优化农业生态系统为基础，建立有利于各类天敌繁衍和不利于病虫草害孳生的环境条件，提高生物多样性，维持农业生态系统的平衡。

4.2 优先采用农业措施，如抗病虫品种、种子种苗检疫、培育壮苗、加强栽培管理、中耕除草、耕翻晒垡、清洁田园、轮作倒茬、间作套种等。

4.3 尽量利用物理和生物措施，如用灯光、色彩诱杀害虫，机械捕捉害虫，释放害虫天敌，机械或人工除草等。

4.4 必要时，合理使用低风险农药。如没有足够有效的农业、物理和生物措施，在确保人员、产品和环境安全的前提下按照第5、6章的规定，配合使用低风险的农药。

【内容解读】

(1) 理论基础和原则框架

① 有害生物。是指在绿色食品的生产和仓储过程中，危害植物（包括食用菌）及其产品的各种害虫（包括昆虫、螨类、蜗牛等）、病原微生物（包括真菌、细菌、放线菌、病毒、类病毒、立克次体、类菌质体、线虫等）、杂草和寄生性种子植物（菟丝子、槲寄生、桑寄生、列当）等。这种危害是相对于人类的经济和环境利益而言的，这类有害生物的存在并不一定产生危害。

② 综合防治概念的形成和发展。20世纪40年代以前，人们防治有害生物危害的方法多属于栽培植保，包括采用农业、物理、生物和化学等防治方法。由于科学技术和社会生产力所限，其手段、方法和工具是原始和落后的，因防效较差，病虫等有害生物常会造成明显危害。自

20世纪40年代中期相继研制出滴滴涕、六六六等有机氯农药以来，由于其高效及简便易行的施药方法，使化学防治很快得到了发展。人们以为有了高效广谱的有机合成农药，病虫害的防治问题可以得到根本解决。

20世纪40～60年代的实践结果显示，长期依靠化学防治，在防治病虫害的同时，也出现了农药残毒危害人畜健康、污染环境、破坏生态及病虫产生抗药性等严重问题。特别是60年代美国作家蕾切尔·卡逊发表《寂静的春天》，惊醒了全球科学界，这对各国重新审定植保政策、研究方向、农药生产及相关法律法规产生了重大影响。70年代初，美国政府明确宣布，实施有害生物综合防治（IPM）并拨巨款相继建立了直属美国农业部的IPM研究所、生物防治研究所（站）。80年代初起，在强化环保和安全性基础上重新登记农药，先后淘汰、禁止、限制生产和使用相当数量的农药品种。

在我国，由于化学防治简便易行，20世纪50～70年代逐渐出现了单纯依靠农药治虫和"有虫必治"、"全面防治"、"打保险药"的现象。大量使用农药，农药残留、环境污染、害虫抗药性和再增猖獗等现象在70年代更加突出。滥用农药引起的严重问题，也引起了我国社会各界的广泛关注。针对这些问题，农业部在广泛调研、充分听取各方建议基础上，于1975年提出了"预防为主，综合防治"的植保工作方针，纠正了单纯依靠农药防治的做法。

1986年11月，第二次全国农作物病虫害综合防治学术会议根据我国植保界对"综合防治"概念的共识，修订完善了"综合防治"的定义："综合防治是对有害生物进行科学管理的体系。它从农业生态系统总体出发，根据有害生物与环境之间的相互关系，充分发挥自然控制因素的作用，因地制宜协调应用必要的措施，将有害生物控制在经济受害允许水平以下，以获得最佳的经济、生态和社会效益。"它有如下的基本含意：

一是综合防治是从农业生态系统的总体出发，将有害生物作为系统的一个部分来科学管理，显然它不是简单的防治措施与防治对象两因素的关系。

二是它强调要充分发挥自然因素的控制作用，因地制宜地协调应用必要的措施。

三是综合防治是建立在单项措施基础上，但不是各种防治措施的相加，越多越好，应力求措施简单易行。措施可能是植保，也可能是非植

 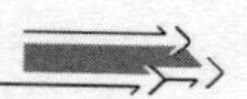

保；可能是单项，也可能是多项。

四是将有害生物控制在经济受害水平之下，并不强调要消灭，关注的是经济上受益与否，并不是作物受害与否。

五是在考虑防治措施的经济效益的同时，综合防治非常重视其措施的生态和社会效益，力求任何一种防治措施可能带来的不利因素及所产生的副作用降低到可以允许的限度。

③ 绿色食品生产中的有害生物防治措施框架。绿色食品生产中有害生物的防治原则是以综合防治的理念为基础，并根据绿色食品的属性，进行了调整、强化和完善。综合措施包括以保持和优化农业生态系统为基础；优先采用农业措施；尽量利用物理和生物措施；必要时合理使用低风险农药。各类有害生物防治措施的关系如图2-1所示。

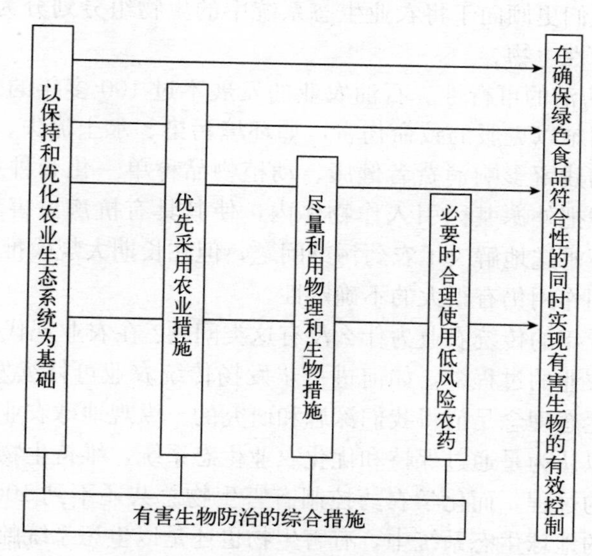

图2-1 绿色食品生产中的有害生物防治措施框架

（2）以保持和优化农业生态系统为基础

① 相关概念。

生态系统：生态系统是指在自然界的一定空间内，生物与环境构成的统一整体，在这个统一整体中，生物与环境之间相互影响、相互制约，不断演变，并在一定时期内处于相对稳定的动态平衡状态。生态系统的范围可大可小，相互交错，最大的生态系统是生物圈；最为复杂的生态系统是热带雨林生态系统。生态系统是开放系统，为了维系自身的稳定，生态系统需要不断输入能量，否则就有崩溃的危险；但许多基础物质在生态系统中会不断循环。

农业生态系统：农业生态系统是由一定农业地域内相互作用的生物因素和非生物因素构成的功能整体，是在人类生产活动干预下形成的人工生态系统。

生物多样性：生物多样性是地球经过几十亿年进化发展的结果。它不仅为人类提供了粮食、材料、能源等生活、生产基本需求，而且在调节气候、改善环境、消除污染等方面为人类的健康生衍提供了不可替代的物质基础。在一个稳定和成熟的自然生态系统中均存在着自养生物（生产者）、异养生物（消费者和分解者）。农业生物多样性是以自然多样性为基础，以人类的生存和发展需求为目的，以生产生活为动力而形成的人与自然相互作用的生物多样性系统，是生物多样性的重要组成部分。在现代生态学的理论中，人们更倾向于将农业生态系统中的生物组分划分为有害生物、有益生物和中性生物。

② 生态防治的可行性。石油农业的发展不过 100 多年的时间，却已经出现一系列难以克服的致命伤害，如环境污染、水土流失、生态破坏、农产品化学物残留影响消费者健康、动植物品种单一化和种质资源流失等。基因工程把外源基因引入作物体内，使其具有抗病虫害和杂草的能力，似乎一劳永逸地解决了农药污染问题，但在长期大规模推广以后，将会带来哪些副作用仍有很大的不确定性。

绵延几千年的传统农业为什么没有这类问题？在农业现代化不断采用新技术武装农业的过程中，如何进一步发扬传统农业可持续发展的潜力，传统农业的生态理念是值得我们深思和研究的。纵观地球农业近万年的发展历程，可以认为是通过保持和优化农业生态系统，维持生物多样性来控制有害生物的过程，而化学农药控制有害生物总共还不到 100 年的时间。即使在当今的地球生态系统中，有害生物也还是以生态系统的自我控制占主导地位。以我国为例，在 960 万平方公里的国土上，133 万平方公里林地、267 万平方公里草地以及 367 万平方公里未利用土地中的有害生物，极少使用农药去控制；只是在约 131 万平方公里（占国土面积 13.7%）的耕地和园地中，大多使用农药来控制有害生物。再从有害生物的种类看，现今绝大多数的有害生物还是依靠生态功能被有效控制。如中国农业科学技术出版社 2013 年出版的《蔬菜害虫及其天敌昆虫名录》收录蔬菜害虫 2 423 种，其中十字花科蔬菜害虫 585 种，茄科蔬菜害虫 687 种，葫芦科蔬菜害虫 445 种，豆科蔬菜害虫 920 种，伞形花科害虫 283 种，菊科蔬菜害虫 250 种，百合科蔬菜害虫 220 种，藜科蔬菜害虫 233 种，但真正

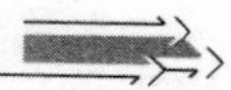

能够对蔬菜生产造成明显经济损失的仅有几十种。

生物在长期的进化发展过程中，彼此形成了相生相克和谐统一的关系。自然生态系统中的各构成因素均处于彼此协调、相互适应的状态，保持着相对的稳定和平衡。当系统中某一因素如害虫增加，另外几个抑制它的因素如害虫的多种天敌也随之增加，最后害虫因天敌、天敌因食源限制而减少，使系统达到新的平衡状态。

而在当今农业生态系统中，由于大量使用农药，不但针对性地杀死了主要有害生物，更杀伤或杀死了大量无辜的天敌及中性生物，使得次要和具抗性的有害生物大发生时，由于没有相应的天敌去自然抑制，往往导致其大爆发，逼迫人类使用更高毒力或更大用量的农药去压制，如此进入恶性循环。因此，人类只有充分利用各种生物之间相生相克的关系，即利用生物多样性来持续控制农业有害生物，才可能摆脱有害生物越治越多，越多越治，农药用量越来越大，环境污染越来越严重的被动局面。

③ 生态防治的基本原理。通过建立有利的农业环境条件，提高生物多样性来持续控制有害生物具有丰富的理论基础。大致可以归纳为以下几个方面：

气候变化效应：农业有害生物受气候和天气的影响特别明显，温度、湿度、降雨、风速、风向和其他气候因素直接影响病害的侵染、发生、发展及流行，影响害虫、杂草以及鼠的发育、繁殖、越冬、分布、迁移和适应等，气候变化对农业有害生物的地理分布和发生规律将产生直接影响。此外，气候变化还将通过影响作物结构和布局及天敌种群而作用于有害生物。气候变化对农业有害生物有正反两方面的影响，但气候变化往往会破坏原有的生态平衡，造成某些有害生物的暴发危害。如稻褐飞虱在气候变暖条件下发育速率加快，生活史缩短，在各气候带内均可多繁殖 1 代，暖冬使小麦条锈病菌的菌源基数增大，都可能加重这些病虫害的发生。因此，控制气候的激烈变化是维持农业生态系统平衡，控制有害生物暴发的重要前提。

微环境调节效应：作物小气候和微环境的变化也会对有害生物及其生态系统产生重要的影响，生产者有可能通过对作物小气候和微环境的温、湿、雨、风等条件进行调节，使微环境条件有利于有害生物的控制。如南方地区雨水较多，葡萄生产中病害发生严重，但通过采取避雨措施，可显著降低微环境中的湿度，有效控制病害的发生。

微生态效应：农区采取多样性的作物布局，由于人为创造了农艺性状和遗传背景的差异，对田间小气候有相当改善，尤其在降低湿度，提高温、光、水、肥、气的利用率方面表现突出，不利于有害生物的发生和发展。

群体异质效应：通过把不同作物、品种，甚至同一品种的异质个体组合到一起，人为地创造农艺性状和遗传背景不同的群体，提高了群体的抗病性和耐干扰性。

稀释效应：对于生物多样性田块，由于群体内个体农艺性状和（或）遗传背景的不同，有害生物对多样性组成中的各个组分并非完全亲和，有别于单一种植的完全亲和，故对有害生物起到了稀释作用，降低了流行和暴发的潜在危险。

诱导抗性效应：作物多样性种植时，有害生物对多样性组分中非亲和组分造成危害较轻，反而诱导了非亲和组分的抗性系统启动反应，产生诱导抗性，亲和组分受有害生物的危害会大大降低。

物理阻隔效应：在生物多样性田块中，非亲和组分像“隔离带”、“防火墙”一样，对有害生物的传播和流行起物理阻隔作用。

生理学效应：多样性种植改善了作物对矿质元素的稀释，如在水稻不同品种的条带式间作中，易倒伏品种植株茎秆、叶片内硅含量高，硅化细胞大而多。

化感效应：植物化感作用是一个活体植物（供体）通过地上部分（茎、叶、花、果实或种子）挥发、淋溶和根系分泌等途径向环境中释放某些化学物质，从而影响周围植物（受体）的生长和发育。这种作用可以互相促进（相生），或互相抑制（相克）。如高粱等对杂草有化感抑制作用，与其他作物间作时可有效地控制杂草生长，从而提高作物产量；小麦对大豆的磷吸收具有明显促进作用，显著提高大豆生物学产量等。

(3) 优先采用农业措施

农业措施是指为防治农作物病、虫、草害等有害生物所采取的农业技术综合措施。这类措施主要通过增强作物对有害生物的抵抗力（包括利用抗病虫品种和健壮栽培技术等），控制有害生物的传播（包括实施植物检疫和采用无病的植物繁殖材料等），人工清除有害生物，创造不利于有害生物生长发育的条件来实现。农业防治措施是伴随种植业的兴起而产生的，在几千年的农业生产实践中，农业防治措施也一直被用作防治有害生物的重要手段。现将主要农业防治措施介绍如下：

① 选用抗病虫品种。农作物对有害生物的抵抗力是农作物阻止有害生物生长、发育和侵入及耐受其为害的能力。这种能力首先是农作物与有

害生物长期协同进化过程中形成的一种遗传特性，广泛存在于农作物的品种（系）及其近缘种属中；其次也与作物当时的健康状态、病原物和害虫致害的遗传特性及环境条件等诸多因子有关。

抗病性和抗虫性是作物对病害和虫害抵抗力的可遗传特性，和许多术语一样，抗病性和抗虫性的概念是有弹性的，按不同标准可做各种分类。在不同场合下，研究目的不同，实用要求不同，其概念和内容又常常有所不同。譬如，寄主对病原物的抗性从广义上可分为避病性、抗病性和耐病性。根据抗病性的遗传特性、表现形式、抗性机制和对环境条件稳定性的不同，可划分为单抗性和多抗性；寄主抗病性和非寄主抗病性；基因抗病性和生理抗病性；被动抗病性和主动抗病性；质量抗病性和数量抗病性；主效基因抗病性和微效基因抗病性；小种专化抗病性（垂直抗病性）和非小种专化抗病性（水平抗病性、一般抗病性、广谱抗病性）；苗期抗病性和成株抗病性（田间抗病性）；持久抗病性和非持久抗病性；完全抗病性和部分抗病性等。农作物的抗虫性亦有多种类型，分类方法不一，从抗虫机制上可分为不选择性、抗生性、共生微生物抗性、形态物理抗性、诱导抗性、生物学抗性和耐害性；从抗虫性表现形式上可分为逃避、耐害和抗虫；从遗传方式上，可分为单基因抗性、寡基因抗性、多基因抗性和细胞质抗性等。

因此，农作物对有害生物的抗性是寄主植物和有害生物在一定的环境条件下相互作用的复杂过程，是寄主的抗性基因和有害生物致害基因相互选择、协同进化的产物。利用抗病虫性防治植物病虫害是人类最早采用的防治方法之一，合理选用抗病虫品种是病虫害综合防治中最经济有效的关键技术。据统计，农作物病害中有80%以上要靠抗病品种或主要靠抗病品种来解决，如在对麦类锈病、白粉病、稻瘟病、稻白叶枯病、玉米大小斑病、棉花枯黄萎病、马铃薯晚疫病等的防治中，抗病品种的利用几乎是主要的措施。在美国的小麦、玉米、棉花和苜蓿，菲律宾的水稻，日本的板栗生产中，抗虫品种也已成为控制害虫的主要手段。即使在药剂防治为主的一些病虫害防治中，也要求作物本身有一定程度的抗、耐性，才能更好地发挥药剂的防治作用。此外，种植抗病虫性品种防治病虫害不需额外增加设施和投资，是一种经济、简便、易行方法。

作物对有害生物的抵抗力不仅取决于作物的遗传特性，也与作物生长的健壮程度有关。通过培育壮苗和加强栽培管理等适当的栽培技术，培育健壮的植株，可以更好地激发作物对有害生物免疫力、抑制力和耐受力的遗传潜能。

② 控制有害生物传播。控制有害生物传播是绿色食品有害生物防治的重要环节，一般可分为2个层次：一是通过实施植物检疫法规来控制检疫性有害生物的传播；二是采取其他农业措施来控制其他重要的非检疫性有害生物的传播。

植物检疫是通过法律、行政和技术的手段，防止危险性植物病、虫、杂草和其他有害生物的人为传播，保障农林业的安全，促进贸易发展的措施。它是人类同自然长期斗争的产物，是一项传统而特殊的植物保护措施，也是当今世界各国普遍实行的一项制度。其特点是从宏观整体上预防一切（尤其是本区域范围内没有的）有害生物的传入、定植与扩展。

我国现行的植物检疫法规主要包括《中华人民共和国进出境动植物检疫法》及其实施条例，《中华人民共和国植物检疫条例》及其实施细则。按照这些检疫法规的要求，国家植物检疫主管部门制定了检疫对象名录。现行的是2007年版的《中华人民共和国进境植物检疫性有害生物名录》列入了435种对外植物检疫对象；2009年版的《全国农业植物检疫性有害生物名单》列入了29种对内农业植物检疫对象（表2－1），2013年版的《全国林业检疫性有害生物名单》列入了14种对内林业植物检疫对象。各省、自治区、直辖市农业和林业主管部门可以根据本地区的需要，制定本省、自治区、直辖市的补充名单，并报国务院农业和林业主管部门备案。

表2－1　全国农业植物检疫性有害生物名单

序号	有害生物名称	有害生物学名
昆虫：		
1	菜豆象	*Acanthoscelides obtectus*（Say）
2	蜜柑大实蝇	*Bactrocera tsuneonis*（Miyake）
3	四纹豆象	*Callosobruchus maculates*（Fabricius）
4	苹果蠹蛾	*Cydia pomonella*（Linnaeus）
5	葡萄根瘤蚜	*Daktulosphaira vitifoliae* Fitch
6	美国白蛾	*Hyphantria cunea*（Drury）
7	马铃薯甲虫	*Leptinotarsa decemlineata*（Say）
8	稻水象甲	*Lissorhoptrus oryzophilus* Kuschel
9	红火蚁	*Solenopsis invicta* Buren
线虫：		
10	腐烂茎线虫	*Ditylenchus destructor* Thorne
11	香蕉穿孔线虫	*Radopholus similes*（Cobb）Thorne

 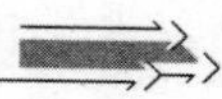

（续）

序号	有害生物名称	有害生物学名
细菌：		
12	瓜类果斑病菌	*Acidovorax avenae* subsp. *citrulli* (Schaad et al.) Willems et al.
13	柑橘黄龙病菌	*Candidatusliberobacter asiaticum* Jagoueix et al.
14	番茄溃疡病菌	*Clavibacter michiganensis* subsp. *michiganensis* (Smith) Davis et al.
15	十字花科黑斑病菌	*Pseudomonas syringae* pv. *maculicola* (McCulloch) Young et al.
16	柑橘溃疡病菌	*Xanthomonas axonopodis* pv. *citri* (Hasse) Vauterin et al.
17	水稻细菌性条斑病菌	*Xanthomonas oryzae* pv. *oryzicola* (Fang et al.) Swings et al.
真菌：		
18	黄瓜黑星病菌	*Cladosporium cucumerinum* Ellis & Arthur
19	香蕉镰刀菌枯萎病菌4号小种	*Fusarium oxysporum* f. sp. *cubense* (Smith) Snyder & Hansen Race 4
20	玉蜀黍霜指霉菌	*Peronosclerospora maydis* (Racib.) C. G. Shaw
21	大豆疫霉病菌	*Phytophthora sojae* Kaufmann & Gerdemann
22	内生集壶菌	*Synchytrium endobioticum* (Schilb.) Percival
23	苜蓿黄萎病菌	*Verticillium albo-atrum* Reinke & Berthold
病毒：		
24	李属坏死环斑病毒	Prunus necrotic ringspot ilarvirus
25	烟草环斑病毒	Tobacco ringspot nepovirus
26	黄瓜绿斑驳花叶病毒	Cucumber green mottle mosaic virus
杂草：		
27	毒麦	*Lolium temulentum* L.
28	列当属	*Orobanche* spp.
29	假高粱	*Sorghum halepense* (L.) Pers.

《全国农业植物检疫性有害生物名单》和《全国林业检疫性有害生物名单》中的有害生物是国内局部发生的危险性大、能随植物及其产品传播的检疫性有害生物，重点需要防止其扩散蔓延和危害。国内植物、植物产

品调运不能带有这些植物检疫性有害生物。

《中华人民共和国进境植物检疫性有害生物名录》多数是我国没有发生的、需要严防其传入的有害生物，也包括一部分我国虽有发生，但国家正采取检疫措施进行控制的检疫性有害生物（主要是全国的植物检疫性有害生物以及地方补充的检疫性有害生物）。进口植物、植物产品不能带有我国禁止进境的植物检疫性有害生物。

此外，农业部还同时规定了"应施检疫的植物及植物产品名单"：

稻、麦、玉米、高粱、豆类、薯类等作物的种子、块根、块茎及其他繁殖材料和来源于发生疫情的县级行政区域的上述植物产品。

棉、麻、烟、茶、桑、花生、向日葵、芝麻、油菜、甘蔗、甜菜等作物的种子、种苗及其他繁殖材料和来源于发生疫情的县级行政区域的上述植物产品。

西瓜、甜瓜、香瓜、哈密瓜、葡萄、苹果、梨、桃、李、杏、梅、沙果、山楂、柿、柑、橘、橙、柚、猕猴桃、柠檬、荔枝、枇杷、龙眼、香蕉、菠萝、芒果、咖啡、可可、腰果、番石榴、胡椒等作物的种子、苗木、接穗、砧木、试管苗及其他繁殖材料和来源于发生疫情的县级行政区域的上述植物产品。

花卉的种子、种苗、球茎、鳞茎等繁殖材料及切花、盆景花卉。

蔬菜作物的种子、种苗和来源于发生疫情的县级行政区域的蔬菜产品。

中药材种苗和来源于发生疫情的县级行政区域的中药材产品。

牧草、草坪草、绿肥的种子种苗及食用菌的种子、细胞繁殖体和来源于发生疫情的县级行政区域的上述植物产品。

麦麸、麦秆、稻草、芦苇等可能受检疫性有害生物污染的植物产品及包装材料。

除了列入全国植物检疫性有害生物名单及省、自治区、直辖市的补充名单中的有害生物按照植物检疫法规进行传播的控制之外，对于具体的绿色食品生产基地来说，在绿色食品生产经营活动中，还应通过采用无病种苗等植物繁殖材料和种子处理等农业措施，对其他重要有害生物的传播进行控制。

③ 调整耕作制度。

轮作倒茬：就是在同一块田地上，在一定的年限内按照一定的顺序，轮换种植不同农作物的一种种植方法。通过轮作使得一些寄生性强和寄主单一的病虫在找不到相同寄主的情况下而无法生存。不同农作物，在其周

 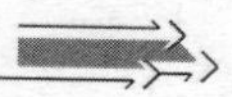

围也形成了具有特定条件的微环境，如果长期重复种植同一种作物，一些适应于这种小气候环境的病虫和杂草就会在这个环境中生长繁殖，种群累积到一定程度，就可能对作物造成危害。这是作物连作障碍的主要原因，在茄科、葫芦科和十字花科蔬菜，西瓜、草莓等草本水果，以及花生、大豆、生姜、旱粮等作物上尤为突出。相反，通过轮作种植不同的作物，在一些适应于这种环境的病虫和杂草累积到能对作物产生明显危害之前，通过轮种其他作物而改变原有的微环境，抑制这些病虫和杂草种群的增加趋势，控制其对作物的危害。轮作还可以平衡土壤养分，改良土壤结构，防止土壤流失。

间作套种：间作套种是指在同一土地上按照一定的行、株距和占地的宽窄比例种植不同种类的农作物，一般把几种作物同时期播种的叫间作，不同时期播种的叫套种。根据农作物之间相生相克的原理进行巧妙搭配、合理种植，可以有效减轻一方或双方病虫害发生的可能，从实践中总结出的几种能抑制病虫害发生的间作套种模式有：魔芋与玉米间作成功控制了魔芋软腐病，同时玉米的大小斑病也得到了抑制；葡萄园中套种黄瓜，葡萄褐斑病、霜霉病减轻；小麦田套种玉米，玉米上蚜虫等害虫显著减少；玉米行内种黄瓜，黄瓜病毒病减轻；棉花或油菜间种大蒜可驱避蚜虫、棉铃虫等害虫减少虫卵；马铃薯与大蒜间作可抑制马铃薯晚疫病发生；大蒜间种白菜可明显减轻白菜软腐病；大豆或花生间种蓖麻（每亩均匀地种植350～400株蓖麻），金龟甲等害虫取食蓖麻叶后会中毒死亡；玉米间种南瓜或花生可有效减轻玉米螟害；玉米与辣（青）椒间作可减轻辣（青）椒日灼病和病毒病等；玉米间种黄瓜可减少黄瓜病毒病发生；胡麻与春小麦混作可明显减少棉铃虫发生；洋葱或大葱与胡萝卜间作套种可互驱害虫；十字花科蔬菜间种莴苣、番茄或薄荷可驱避菜粉蝶；小麦与油菜等春天开花的十字花科作物间作，油菜等作物上蚜虫的天敌也会转移到麦株上，而为害十字花科作物的蚜虫是不为害小麦的，因此，小麦与油菜等间作，有利于加强天敌对麦蚜的控制作用。

调整播种期：有些作物，可通过调整播种期，将作物对病虫害敏感的生育期与害虫主要发生期或病菌的主要传播侵染期错开，开控制病虫害的发生。如在江南地区杂交水稻改为春季制种（7月中旬抽穗）后，其稻粒黑粉病的发病率显著低于夏秋季制种（8月中旬至9月上旬抽穗）；在湖北等地，水稻推迟到5月中旬播种，比4月份播种，水稻螟虫、稻纵卷叶螟和稻曲病发生显著减轻。

④ 实施健康栽培。通过采取必要的农业措施，创造不利于有害生物生存和生长发育的环境条件，是持续控制有害生物危害的另一个重要环节。由于涉及微环境的调控，这些措施的使用与农业生态系统的构建有密切的关系，实施过程中应以生态学的理论为指导。这类农业措施主要有：

耕翻晒垡：是将土壤犁翻起来，让翻起的土壤在太阳光下晒，多在冬季和夏季进行。这项措施能破坏土传害虫和病原菌越冬越夏的环境条件，将土表的杂草翻入土中，导致害虫、病原菌和杂草的死亡。同时能改善土壤结构、理化性质、生物学特性，积累土壤有效养分和水分，有利于下茬作物的种子发芽和根系生长。如水稻的许多害虫和病菌在晚稻收割后残留在耕作层的稻蔸中越冬的，稻蔸为病虫害提供保温隐蔽场所，甚至提供休眠期所需的少量营养，冬闲田翻耕后可将一部分稻蔸露于地表，再加上冬季冰冻雪水的侵袭，会使一部分害虫和病菌受冻而失去生命力，有些还会被家禽和鸟吃掉。

清洁田园：就是将农田中的枯枝落叶、病株或植物发病部分、植物残体、病虫害寄主以及其他病虫害传染源清理出田园之外，进行焚烧或深埋处理。清洁田园可以随时进行，但对于一年生作物，清洁田园主要在作物收获后至下茬作物播种移栽前进行，对于果树等多年生作物，主要在果实采收后或冬季休眠期进行果园清洁。

中耕除草：中耕是指在作物生育期中，可采用锄头、中耕犁、齿耙、各种耕耘器及专用中耕机械等工具，对株行间的表土进行的耕作。中耕的一个重要作用是除草，同时还有疏松表土、增加土壤通气性、提高地温、促进好气微生物活动和养分有效化、促使根系伸展、调节土壤水分状况等综合作用。

培育壮苗：壮苗是指素质优良的作物秧苗。秧苗素质是否优良，不仅要从外观长相、长势和健康状态来判断，还要根据定植后的发根力、生长发育潜势和对有害生物等抵抗力来判断。壮苗的共同特点：一是具有强的生理活性和生长发育潜力，定植后能迅速成活和快速生长；二是无病虫，特别是不能带有重要的病原菌和害虫；三是具有强的抗逆性，定植到大田后能很快适应和抵抗不良的环境影响。培育壮苗可以采用传统等田间繁育方法，也可以采用实验室组培繁育方法。在繁育过程中应不定期地采用提纯复壮或脱毒等措施，来保证繁殖体等纯正、健壮和无病虫害。

整枝打杈：是指采用剪枝、摘心、除芽等方式来调控植物生长发育，更好地实现作物生产目的的过程。整枝打杈的直接作用主要有：一

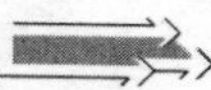

是促进或抑制植物的顶端优势，调整作物的生长发育；二是删除多余或衰弱的枝条，改善作物群体的通风透光条件，优化作物健康的微环境；三是删除受到病虫危害的枝叶，减少有害生物等侵染源，提高作物群体的健康水平。

肥水管理：即为实现作物的生产目的，对作物的营养和水分供给进行的调控管理。合理的肥水管理在保持土壤养分平衡，优化田间微环境，保证作物正常生长发育对营养和水分需求的同时，也使植物体保持健康强壮和对有害生物的抵抗力以及在遭受病虫为害后的恢复能力。肥水管理的基本原则是平衡，既包括供给和需求的平衡，也包括各类营养元素之间的平衡。一般要求按照作物的需水规律，及时排灌；按照作物的营养需求，测土配方施肥。避免偏施氮肥，有机肥要充分腐熟对于有害生物防治有重要意义。

(4) 尽量利用物理和生物措施

① 物理防治。物理防治是利用简单工具和各种物理因素，如光、热、电、温度、湿度和放射能、声波以及物理阻隔等防治有害生物的措施。包括最原始简单的徒手捕杀或清除以及近代物理最新成就的运用，可算作古老而又年轻的一类防治手段。已广泛应用的主要有：人工捕杀或使用简单工具（如黄色黏虫板等）诱杀害虫；人工清除杂草和作物病株或病部等；晒种、热水浸种或高温处理作物繁殖材料或农产品；通过覆膜增温、热水、蒸汽或电处理土壤防治土传病虫草害；利用黑光灯、频振式杀虫灯和高压电网灭虫器防治害虫；采用网室、网罩阻止害虫进入等。这些物理防治技术具有很好的安全性，如有适用的防治对象需要防治，应尽量考虑采用。此外，利用仿声学原理和超声波防治虫，利用放射能直接杀灭病虫，或用放射能照射导致害虫不育等近代物理学防治技术也正在发展之中。

特别需要指出的是，国内外的大量研究已经证明辐照技术对于防治病虫害有很好的效果，但对其安全性问题存在争议和不确定性，绿色食品对安全性的要求更高，从安全优先的角度考虑，在绿色食品生产中暂时不宜采用辐照技术。

② 生物防治。生物防治就是利用了生物物种间的相互制约关系，以一种或一类生物（天敌）抑制一种或一类有害生物的方法。每种害虫都有一种或几种天敌，能有效地抑制害虫的大量繁殖。这种抑制作用是生态系统反馈机制的重要组成部分。利用这一生态学现象，可以建立新的生物种群之间的平衡关系。用于生物防治的生物可分为三类：一是捕食性生物，

如草蛉、瓢虫、步行虫、畸螯螨、钝绥螨、蜘蛛、蛙、蟾蜍、食蚊鱼、叉尾鱼以及许多食虫益鸟等；二是寄生性生物，如寄生蜂、寄生蝇等；三是病原微生物，如苏芸金杆菌、白僵菌等。利用害虫天敌防治作物害虫有以下几种方法：

天敌引殖：害虫天敌的引殖一般指在较大的空间尺度上（如不同国家和不同区域之间）进行天敌的引移和繁殖释放，多用于刚刚侵入或当地重大的农业害虫上。害虫天敌由甲地引进乙地，经过人工繁殖后进行定点释放，使之定居建群，对农业害虫发挥持续的控制作用。在害虫天敌的引殖过程中应满足以下几个条件：一是在一定的移植地点为天敌生存创造最适的生态条件；二是在一次释放中使用足够数量的天敌；三是在每个释放点连续进行释放；四是建立多个分布于目标害虫生态区的引殖点。自 19 世纪 80 年代美国从大洋洲引进澳洲瓢虫防治柑橘吹绵蚧获得极大成功以来，国内外有很多通过引殖建立稳定的天敌新种群，有效控制重要害虫的成功案例。已引殖成功并在当地建立稳定种群，对目标害虫起到有效控制作用的主要害虫天敌如表 2－2 所示。

表 2－2 引殖成功的主要害虫天敌

学名	中文名	所属科名	控制的主要害虫
Adalia bipunctata	二星瓢虫	瓢虫科	橘二叉蚜
Cryptolaemus montrouzieri	孟氏隐唇瓢虫	瓢虫科	粉蚧科：橘粉蚧
Harmonia axyridis	异色瓢虫	瓢虫科	橘二叉蚜
Rhizophagus grandis	大唼蜡甲	食根甲科	云杉大小蠹
Rhyzobius forestieri	黑瓢虫	瓢虫科	黑蚧
Rodolia cardinalis	澳洲瓢虫	瓢虫科	吹绵蚧
Scymnus impexus	小毛瓢虫属	瓢虫科	球蚜
Scymnus reunioni	小毛瓢虫属	瓢虫科	柑橘粉蚧
Serangium parcesetosum	刀角瓢虫	瓢虫科	柑橘粉虱
Cryptochetum iceryae	一种寄生蝇	隐芒蝇科	吹绵蚧
Ageniaspis citricola	串茧跳小蜂	跳小蜂科	柑橘潜叶蛾
Allotropa burrelli	一种广腰细蜂	广腹细蜂科	康氏粉蚧
Allotropa convexifrons	一种广腰细蜂	广腹细蜂科	康氏粉蚧
Amitus spiniferus	一种黑小蜂	广腹细蜂科	丝绒粉虱
Anagyrus agraensis	亚克拉长索跳小蜂	跳小蜂科	橘鳞粉蚧
Anagyrus fusciventris	长索跳小蜂	跳小蜂科	粉蚧科：长尾粉蚧

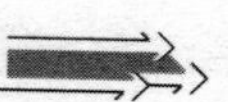

（续）

学名	中文名	所属科名	控制的主要害虫
Anaphes nitens	长缘缨小蜂属	缨小蜂科	桉象
Aphelinus mali	日光蜂	蚜小蜂科	苹果绵蚜
Aphytis holoxanthus	纯黄蚜小蜂	蚜小蜂科	褐圆蚧
Aphytis lepidosaphes	紫牡蛎蚧黄蚜小蜂	蚜小蜂科	紫牡蛎盾蚧
Aphytis lingnanensis	岭南黄蚜小蜂	蚜小蜂科	红圆蚧
Aphytis melinus	印巴黄金蚜小蜂	蚜小蜂科	网籽草叶圆蚧、红圆蚧
Aphytis proclia	桑盾蚧黄蚜小蜂	蚜小蜂科	桑白盾蚧
Archenomus orientalis	东方索蚜小蜂	蚜小蜂科	桑白盾蚧
Cales noacki	一种蚜小蜂	蚜小蜂科	丝绒粉虱
Clausenia purpurea	粉蚧克氏跳小蜂	跳小蜂科	橘小粉蚧
Comperiella bifasciata	双带巨角跳小蜂	跳小蜂科	红圆蚧
Encarsia berlesei	桑盾蚧恩蚜小蜂	蚜小蜂科	桑白盾蚧
Encarsia elongata	长恩蚜小蜂	蚜小蜂科	长牡蛎蚧
Encarsia lahorensis	恩蚜小蜂属的一个种	蚜小蜂科	柑橘粉虱
Encarsia perniciosi	恩蚜小蜂属的一个种	蚜小蜂科	梨圆蚧
Encarsia perniciosi	恩蚜小蜂属的一个种	蚜小蜂科	桑粉虱
Lysiphlebus testaceipes	茶足柄瘤蚜茧蜂	茧蜂科	苹果黄蚜、橘二叉蚜
Metaphycus anneckei	阔柄跳小蜂属的一个种	跳小蜂科	黑蚧
Metaphycus flavus	阔柄跳小蜂属的一个种	跳小蜂科	扁坚蚧
Metaphycus helvolus	阔柄跳小蜂属的一个种	跳小蜂科	黑蚧
Metaphycus lounsburyi	阔柄跳小蜂属的一个种	跳小蜂科	黑蚧
Metaphycus swirskii	阔柄跳小蜂属的一个种	跳小蜂科	黑蚧
Neodryinus typhlocybae	新螯蜂属的一个种	螯蜂科	蛾蜡蝉科：葡萄花翅小卷蛾
Neodusmetia sangwani	一种跳小蜂科	跳小蜂科	*Antonina gramini*
Ooencyrtus kuvanae	一种跳小蜂科	跳小蜂科	舞毒蛾
Pseudaphycus malinus	粉蚧玉棒跳小蜂	跳小蜂科	康氏粉蚧
Psyllaephagus pilosus	木虱跳小蜂	跳小蜂科	澳洲蓝桉木虱
Psyttalia concolor	短背茧蜂属的一个种	茧蜂科	橄榄实蝇
Pteroptrix smithi	斯氏四节蚜小蜂	蚜小蜂科	褐叶圆蚧

天敌助迁：天敌昆虫的助迁则是在小范围内进行，一般不需要经过大量的人工繁殖过程，也不必考虑当地是否已经存在这种天敌，只是人工帮助天敌昆虫迁移到目标田块或区域，增加其种群数量，以期在一定范围和较短时间内迅速发挥作用。如我国棉区在春末夏初棉田中蚜虫等害虫数量快速增加，天敌数量的增加明显滞后，而麦类作物已经到了成熟期，害虫食料条件恶化，繁殖力下降并大量外迁，害虫天敌则相对过剩。此时可将麦田中的七星瓢虫等天敌助迁到附近棉田，以防治棉田中的蚜虫等害虫。又如在早春随着气温的上升，柑橘园中的橘全爪螨开始活动时，天敌数量仍很少。而周边用作行道树或围栏冬青树植物上已经有大量的尼氏钝绥螨等害螨天敌。此时可从冬青树上助迁尼氏钝绥螨到柑橘上防治橘全爪螨。助迁是可结合行道树的修剪，将冬青树枝条连叶剪下，移入柑橘园中，将冬青枝条靠柑橘树扦插入土中，使其与柑橘枝叶相接触，并用麻绳束牢，以利于尼氏钝绥螨迁上柑橘树。

天敌商业化生产释放：即用人为方法在室内大规模商业化繁殖天敌，适时释放到田间，来防治有关害虫。这种方式具有主动性和适时性的优点，能取得较好的防治效果。因为在无人为干扰的自然情况下，天敌与害虫的关系，有明显的跟随现象，即先有一定数量的害虫，而天敌很少，经过一段时间后，在一定范围内，天敌的数量快速增加。因此，自然情况下，天敌对害虫的控制作用，通常是在害虫危害之后，对早期的危害很难起到防治效果。而若能在害虫始发阶段就有较大数量的天敌存在，对害虫危害的控制效应和价值则可明显的提高。人工大规模商业化繁殖天敌，适时释放到田间，就可以获得这样的效果。

20 世纪 70 年代以来，部分国家开始发展害虫天敌的商业化生产，目前，一些发达国家（如荷兰、英国、美国、澳大利亚等）已经形成了相对成熟的害虫天敌产业，上百种天敌实现了产业化生产（表 2－3）。我国在天敌的产业化方面虽然起步较晚，但也取得了初步成效，一些寄生蜂和捕食螨等害虫天敌实现了产业化。

表 2－3　国内外商业化生产的主要害虫天敌

学名	中文名	所属科名	控制的主要害虫
Adalia bipunctata	二星瓢虫	瓢虫科	蚜虫
Chilocorus baileyii	盔唇瓢虫属的一个种	瓢虫科	盾蚧
Chilocorus bipustulatus	双斑唇瓢虫	瓢虫科	盾蚧、软蚧
Chilocorus circumdatus	细缘唇瓢虫	瓢虫科	盾蚧

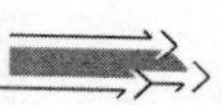

（续）

学名	中文名	所属科名	控制的主要害虫
Chilocorus nigrita	盔唇瓢虫属的一个种	瓢虫科	盾蚧、链蚧
Coccinella septempunctata	七星瓢虫	瓢虫科	蚜虫
Cryptolaemus montrouzieri	孟氏隐唇瓢虫	瓢虫科	柑橘粉蚧
Delphastus catalinae	小黑瓢虫	瓢虫科	粉虱：温室白粉虱、烟粉虱
Rhyzobius lophanthae	一种瓢虫	瓢虫科	盾蚧、大豆尺蠖、网籽草叶圆蚧
Rodolia cardinalis	澳洲瓢虫	瓢虫科	吹绵蚧
Scymnus rubromaculatus	小毛瓢虫属的一个种	瓢虫科	蚜虫
Stethorus punctillum	深点食螨瓢虫	瓢虫科	柑橘红蜘蛛
Aphidoletes aphidimyza	食蚜瘿蚊	瘿蚊科	蚜虫：棉蚜、桃蚜、长管蚜等
Episyrphus balteatus	黑纹食蚜蝇	食蚜蝇科	蚜虫
Feltiella acarisuga	瘿蝇	瘿蚊科	二斑叶螨，朱砂叶螨
Anthocoris nemoralis	花椿属的一个种	花椿科	木虱
Anthocoris nemorum	花椿科的一个种	花椿科	梨木虱、蓟马
Macrolophus melanotoma	长颈盲蝽属的一个种	盲蝽科	蓟马
Orius albidipennis	小花蝽属的一个种	花蝽科	蓟马
Orius laevigatus	小花蝽属的一个种	花蝽科	蓟马（西花蓟马、烟蓟马）
Orius majusculus	小花蝽属的一个种	花蝽科	蓟马（西花蓟马、烟蓟马）
Picromerus bidens	双刺益蝽	蝽科	鳞翅目
Podisus maculiventris	斑腹刺益蝽	蝽科	鳞翅目、马铃薯甲虫
Anagrus atomus	缨翅缨小蜂属的一个种	缨小蜂科	叶蝉
Anagyrus fusciventris	长索跳小蜂属一个种	跳小蜂科	粉蚧科
Anagyrus pseudococci	长索跳小蜂属一个种	跳小蜂科	粉蚧科

（续）

学名	中文名	所属科名	控制的主要害虫
Aphelinus abdominalis	蚜小蜂属的一个种	蚜茧蜂科	蚜虫：马铃薯长管蚜等
Aphidius colemani	科列马·阿布拉小蜂	蚜茧蜂科	蚜虫：棉蚜、桃蚜等
Aphidius matricariae	桃赤蚜蚜茧蜂	蚜茧蜂科	桃蚜
Aphytis diaspidis	盾蚧黄蚜小蜂	蚜小蜂科	盾蚧：梨圆蚧、桑白盾蚧等
Aphytis holoxanthus	纯黄蚜小蜂	蚜小蜂科	盾蚧
Aphytis lingnanensis	岭南黄蚜小蜂	蚜小蜂科	红圆蚧、网籽草叶圆蚧
Aphytis melinus	印巴黄金蚜小蜂	蚜小蜂科	红圆蚧
Aprostocetus hagenowii	蜚卵啮小蜂	姬小蜂科	蜚蠊科（*Periplaneta* spp.）
Bracon hebetor	印度紫螟小茧蜂	小茧蜂科	鳞翅目（储存的产品上）
Cales noacki	一种蚜小蜂	蚜小蜂科	丝绒粉虱
Coccophagus lycimnia	赖食蚧蚜小蜂	蚜小蜂科	软蚧科
Coccophagus rusti	食蚧蚜小蜂	蚜小蜂科	软蚧科
Coccophagus scutellaris	黄盾食蚧蚜小蜂	蚜小蜂科	软蚧科
Comperiella bifasciata	双带巨角跳小蜂	跳小蜂科	盾蚧科：褐圆蚧、红肾圆盾蚧等
Cotesia marginiventris	缘腹绒茧蜂	茧蜂科	潜蝇科：斑潜蝇等
Diglyphus isaea	潜叶蝇姬小蜂	姬小蜂科	潜蝇科：斑潜蝇等
Encarsia citrina	缨恩蚜小蜂	蚜小蜂科	盾蚧科
Encarsia formosa	丽蚜小蜂	蚜小蜂科	粉虱科：白粉虱、烟粉虱等
Encyrtus infelix	跳小蜂属的一个种	跳小蜂科	蜡蚧科
Encyrtus lecaniorum	缢盾伊丽跳小蜂	跳小蜂科	蜡蚧科

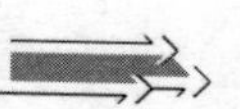

（续）

学名	中文名	所属科名	控制的主要害虫
Eretmocerus eremicus	浆角蚜小蜂属的一个种	蚜小蜂科	烟粉虱
Eretmocerus mundus	浆角蚜小蜂属的一个种	蚜小蜂科	烟粉虱
Gyranusoidea litura	跳小蜂属的一个种	跳小蜂科	长尾粉蚧
Hungariella peregrina	肉蝇	跳小蜂科	粉蚧科
Hungariella pretiosa	一种跳小蜂	跳小蜂科	粉蚧科
Leptomastidea abnormis	三色丽突跳小蜂	跳小蜂科	粉蚧科
Leptomastix dactylopii	橘粉蚧寄生蜂	跳小蜂科	柑橘粉蚧
Leptomastix epona	丽扑跳小蜂	跳小蜂科	粉蚧科，尤其是柑橘粉蚧
Lysiphlebus testaceipes	茶足柄瘤蚜茧蜂	茧蜂科	蚜科：棉蚜等
Metaphycus flavus	阔柄跳小蜂属	跳小蜂科	蜡蚧科：黑蚧、扁坚蚧等
Metaphycus helvolus	美洲斑潜蝇寄生蜂	跳小蜂科	蜡蚧科：黑蚧、扁坚蚧等
Metaphycus lounsburyi	单毛长缨恩蚜小蜂	跳小蜂科	蜡蚧科：黑蚧等
Metaphycus swirskii	阔柄跳小蜂属	跳小蜂科	蜡蚧科
Microterys flavus	麦蛾茧蜂	跳小蜂科	蜡蚧科：黑蚧等
Opius pallipes	潜蝇茧蜂	茧蜂科	西红柿斑潜蝇
Praon volucre	烟蚜茧蜂	茧蜂科	蚜虫
Pseudaphycus maculipennis	粉绒短角跳小蜂	跳小蜂科	粉蚧科
Scutellista cyanea	蜡蚧斑翅蚜小蜂	金小蜂科	蜡蚧科：黑蚧、拟叶红蜡蚧等
Thripobius semiluteus	一种姬小蜂	姬小蜂科	缨翅目（*Heliothrips* spp.）
Trichogramma brassicae	甘蓝夜蛾赤眼蜂	赤眼蜂科	鳞翅目：玉米螟等
Trichogramma cacoeciae	瓢虫柄腹姬小蜂	赤眼蜂科	鳞翅目

（续）

学名	中文名	所属科名	控制的主要害虫
Trichogramma dendrolimi	松毛虫赤眼蜂	赤眼蜂科	鳞翅目
Trichogramma evanescens	广赤眼蜂	赤眼蜂科	鳞翅目（贮藏产品上的）
Chrysoperla carnea	普通草蛉	草蛉科	蚜虫等
Franklinothrips megalops	凶蓟马属的一个种	纹蓟马科	蓟马
Franklinothrips vespiformis	细腰凶蓟马	纹蓟马科	蓟马
Karnyothrips melaleucus	长鬃管蓟马属	管蓟马科	软蚧科、盾蚧科（拟桑盾蚧）
Amblyseius barkeri	巴氏钝绥螨	植绥螨科	缨翅目：烟蓟马、西花蓟马等
Amblyseius degenerans	库库姆卡斯植绥螨	植绥螨科	缨翅目
Cheyletus eruditus	普通肉食螨	肉食螨科	仓储螨、蜘蛛螨
Hypoaspis aculeifer	尖狭下盾螨	厉螨科	黑翅蕈蚋科，刺足根螨
Metaseiulus occidentalis	西方盲走螨	植绥螨科	叶螨科
Neoseiulus californicus	一种捕植螨	植绥螨科	叶螨科
Neoseiulus cucumeris	胡瓜钝绥螨	植绥螨科	缨翅目：西花蓟马等
Phytoseiulus persimilis	智利小植绥螨	植绥螨科	叶螨科：二斑叶螨等
Stratiolaelaps miles	一种厉螨	厉螨科	黑翅蕈蚋科，刺足根螨
Typhlodromus pyri	温室桃蚜瘿蚊	植绥螨科	苹果叶螨、二斑叶螨、葡萄瘿螨等
Heterorhabditis bacteriophora	嗜菌异小杆线虫	异小杆科	象鼻虫
Heterorhabditis megidis	大异小杆线虫	异小杆科	象鼻虫

（续）

学名	中文名	所属科名	控制的主要害虫
Phasmarhabditis hermaphrodita	小杆线虫	小杆科	蛞蝓
Steinernema carpocapsae	小卷蛾斯氏线虫	斯氏线虫科	象鼻虫、黑翅蕈蚋科
Steinernema feltiae	芫菁线虫	斯氏线虫科	鳃金龟科、黑翅蕈蚋科等

（5）必要时合理使用低风险农药

前述的生态保护、农业防治、物理防治和生物防治措施虽然有很多的优势，但并不是在各种情况下都能奏效的。在这些措施不是足够有效的场合，合理地使用一些低风险的农药是必要的。但使用农药必须确保人员、产品和环境安全，使用行为应符合本标准第5、6章的规定，在农产品中的残留应符合本标准第7章的规定。

2.6 农药选用

【标准原文】

5.1 所选用的农药应符合相关的法律法规，并获得国家农药登记许可。

5.2 应选择对主要防治对象有效的低风险农药品种，提倡兼治和不同作用机理农药交替使用。

5.3 农药剂型宜选用悬浮剂、微囊悬浮剂、水剂、水乳剂、微乳剂、颗粒剂、水分散粒剂和可溶性粒剂等环境友好型剂型。

5.4 AA级绿色食品生产应按照A.1的规定选用农药及其他植物保护产品。

5.5 A级绿色食品生产应按照附录A的规定，优先从表A.1中选用农药。在表A.1所列农药不能满足有害生物防治需要时，还可适量使用A.2所列的农药。

附录A

（规范性附录）

绿色食品生产允许使用的农药和其他植保产品清单

A.1 AA级和A级绿色食品生产均允许使用的农药和其他植保产品清单

见表A.1。

表 A.1 AA级和A级绿色食品生产均允许使用的农药和其他植保产品清单

类 别	组分名称	备 注
Ⅰ.植物和动物来源	楝素（苦楝、印楝等提取物，如印楝素等）	杀虫
	天然除虫菊素（除虫菊科植物提取液）	杀虫
	苦参碱及氧化苦参碱（苦参等提取物）	杀虫
	蛇床子素（蛇床子提取物）	杀虫、杀菌
	小檗碱（黄连、黄柏等提取物）	杀菌
	大黄素甲醚（大黄、虎杖等提取物）	杀菌
	乙蒜素（大蒜提取物）	杀菌
	苦皮藤素（苦皮藤提取物）	杀虫
	藜芦碱（百合科藜芦属和喷嚏草属植物提取物）	杀虫
	桉油精（桉树叶提取物）	杀虫
	植物油（如薄荷油、松树油、香菜油、八角茴香油）	杀虫、杀螨、杀真菌、抑制发芽
	寡聚糖（甲壳素）	杀菌、植物生长调节
	天然诱集和杀线虫剂（如万寿菊、孔雀草、芥子油）	杀线虫
	天然酸（如食醋、木醋和竹醋等）	杀菌
	菇类蛋白多糖（菇类提取物）	杀菌
	水解蛋白质	引诱
	蜂蜡	保护嫁接和修剪伤口
	明胶	杀虫
	具有驱避作用的植物提取物（大蒜、薄荷、辣椒、花椒、薰衣草、柴胡、艾草的提取物）	驱避
	害虫天敌（如寄生蜂、瓢虫、草蛉等）	控制虫害
Ⅱ.微生物来源	真菌及真菌提取物（白僵菌、轮枝菌、木霉菌、耳霉菌、淡紫拟青霉、金龟子绿僵菌、寡雄腐霉菌等）	杀虫、杀菌、杀线虫
	细菌及细菌提取物（苏云金芽孢杆菌、枯草芽孢杆菌、蜡质芽孢杆菌、地衣芽孢杆菌、多粘黏芽孢杆菌、荧光假单胞杆菌、短稳杆菌等）	杀虫、杀菌
	病毒及病毒提取物（核型多角体病毒、质型多角体病毒、颗粒体病毒等）	杀虫
	多杀霉素、乙基多杀菌素	杀虫
	春雷霉素、多抗霉素、井冈霉素、（硫酸）链霉素、嘧啶核苷类抗菌素、宁南霉素、申嗪霉素和中生菌素	杀菌
	S-诱抗素	植物生长调节

 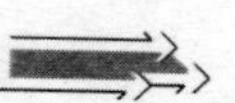

（续）

类别	组分名称	备注
Ⅲ. 生物化学产物	氨基寡糖素、低聚糖素、香菇多糖	防病
	几丁聚糖	防病、植物生长调节
	苄氨基嘌呤、超敏蛋白、赤霉酸、羟烯腺嘌呤、三十烷醇、乙烯利、吲哚丁酸、吲哚乙酸、芸薹素内酯	植物生长调节
Ⅳ. 矿物来源	石硫合剂	杀菌、杀虫、杀螨
	铜盐（如波尔多液、氢氧化铜等）	杀菌，每年铜使用量不能超过 6 kg/hm^2
	氢氧化钙（石灰水）	杀菌、杀虫
	硫黄	杀菌、杀螨、驱避
	高锰酸钾	杀菌，仅用于果树
	碳酸氢钾	杀菌
	矿物油	杀虫、杀螨、杀菌
	氯化钙	仅用于治疗缺钙症
	硅藻土	杀虫
	黏土（如斑脱土、珍珠岩、蛭石、沸石等）	杀虫
	硅酸盐（硅酸钠，石英）	驱避
	硫酸铁（3价铁离子）	杀软体动物
Ⅴ. 其他	氢氧化钙	杀菌
	二氧化碳	杀虫，用于贮存设施
	过氧化物类和含氯类消毒剂（如过氧乙酸、二氧化氯、二氯异氰尿酸钠、三氯异氰尿酸等）	杀菌，用于土壤和培养基质消毒
	乙醇	杀菌
	海盐和盐水	杀菌，仅用于种子（如稻谷等）处理
	软皂（钾肥皂）	杀虫
	乙烯	催熟等
	石英砂	杀菌、杀螨、驱避
	昆虫性外激素	引诱，仅用于诱捕器和散发皿内
	磷酸氢二铵	引诱，只限用于诱捕器中使用
注1：该清单每年都可能根据新的评估结果发布修改单。 注2：国家新禁用的农药自动从该清单中删除。		

A.2　A级绿色食品生产允许使用的其他农药清单

当表A.1所列农药和其他植保产品不能满足有害生物防治需要时，A级绿色食品生产还可按照农药产品标签或GB/T 8321的规定使用下列农药：

a)　杀虫剂

1）S-氰戊菊酯　esfenvalerate
2）吡丙醚　pyriproxifen
3）吡虫啉　imidacloprid
4）吡蚜酮　pymetrozine
5）丙溴磷　profenofos
6）除虫脲　diflubenzuron
7）啶虫脒　acetamiprid
8）毒死蜱　chlorpyrifos
9）氟虫脲　flufenoxuron
10）氟啶虫酰胺　flonicamid
11）氟铃脲　hexaflumuron
12）高效氯氰菊酯　beta-cypermethrin
13）甲氨基阿维菌素苯甲酸盐　emamectin benzoate
14）甲氰菊酯　fenpropathrin
15）抗蚜威　pirimicarb
16）联苯菊酯　bifenthrin
17）螺虫乙酯　spirotetramat
18）氯虫苯甲酰胺　chlorantraniliprole
19）氯氟氰菊酯　cyhalothrin
20）氯菊酯　permethrin
21）氯氰菊酯　cypermethrin
22）灭蝇胺　cyromazine
23）灭幼脲　chlorbenzuron
24）噻虫啉　thiacloprid
25）噻虫嗪　thiamethoxam
26）噻嗪酮　buprofezin
27）辛硫磷　phoxim
28）茚虫威　indoxacard

b)　杀螨剂

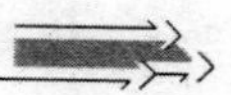

1）苯丁锡 fenbutatin oxide
2）喹螨醚 fenazaquin
3）联苯肼酯 bifenazate
4）螺螨酯 spirodiclofen
5）噻螨酮 hexythiazox
6）四螨嗪 clofentezine
7）乙螨唑 etoxazole
8）唑螨酯 fenpyroximate

c） 杀软体动物剂

四聚乙醛 metaldehyde

d） 杀菌剂

1）吡唑醚菌酯 pyraclostrobin
2）丙环唑 propiconazol
3）代森联 metriam
4）代森锰锌 mancozeb
5）代森锌 zineb
6）啶酰菌胺 boscalid
7）啶氧菌酯 picoxystrobin
8）多菌灵 carbendazim
9）噁霉灵 hymexazol
10）噁霜灵 oxadixyl
11）粉唑醇 flutriafol
12）氟吡菌胺 fluopicolide
13）氟啶胺 fluazinam
14）氟环唑 epoxiconazole
15）氟菌唑 triflumizole
16）腐霉利 procymidone
17）咯菌腈 fludioxonil
18）甲基立枯磷 tolclofos-methyl
19）甲基硫菌灵 thiophanate-methyl
20）甲霜灵 metalaxyl
21）腈苯唑 fenbuconazole
22）腈菌唑 myclobutanil
23）精甲霜灵 metalaxyl-M

24）克菌丹　captan
25）醚菌酯　kresoxim-methyl
26）嘧菌酯　azoxystrobin
27）嘧霉胺　pyrimethanil
28）氰霜唑　cyazofamid
29）噻菌灵　thiabendazole
30）三乙膦酸铝　fosetyl-aluminium
31）三唑醇　triadimenol
32）三唑酮　triadimefon
33）双炔酰菌胺　mandipropamid
34）霜霉威　propamocarb
35）霜脲氰　cymoxanil
36）萎锈灵　carboxin
37）戊唑醇　tebuconazole
38）烯酰吗啉　dimethomorph
39）异菌脲　iprodione
40）抑霉唑　imazalil

e）　熏蒸剂

1）棉隆　dazomet
2）威百亩　metam-sodium

f）　除草剂

1）2 甲 4 氯　MCPA
2）氨氯吡啶酸　picloram
3）丙炔氟草胺　flumioxazin
4）草铵膦　glufosinate-ammonium
5）草甘膦　glyphosate
6）敌草隆　diuron
7）噁草酮　oxadiazon
8）二甲戊灵　pendimethalin
9）二氯吡啶酸　clopyralid
10）二氯喹啉酸　quinclorac
11）氟唑磺隆　flucarbazone-sodium
12）禾草丹　thiobencarb
13）禾草敌　molinate

 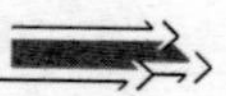

14）禾草灵 diclofop-methyl
15）环嗪酮 hexazinone
16）磺草酮 sulcotrione
17）甲草胺 alachlor
18）精吡氟禾草灵 fluazifop-P
19）精喹禾灵 quizalofop-P
20）绿麦隆 chlortoluron
21）氯氟吡氧乙酸（异辛酸） fluroxypyr
22）氯氟吡氧乙酸异辛酯 fluroxypyr-mepthyl
23）麦草畏 dicamba
24）咪唑喹啉酸 imazaquin
25）灭草松 bentazone
26）氰氟草酯 cyhalofop butyl
27）炔草酯 clodinafop-propargyl
28）乳氟禾草灵 lactofen
29）噻吩磺隆 thifensulfuron-methyl
30）双氟磺草胺 florasulam
31）甜菜安 desmedipham
32）甜菜宁 phenmedipham
33）西玛津 simazine
34）烯草酮 clethodim
35）烯禾啶 sethoxydim
36）硝磺草酮 mesotrione
37）野麦畏 tri-allate
38）乙草胺 acetochlor
39）乙氧氟草醚 oxyfluorfen
40）异丙甲草胺 metolachlor
41）异丙隆 isoproturon
42）莠灭净 ametryn
43）唑草酮 carfentrazone-ethyl
44）仲丁灵 butralin

g） 植物生长调节剂

1）2，4-滴 2，4-D（只允许作为植物生长调节剂使用）
2）矮壮素 chlormequat

3）多效唑　paclobutrazol

4）氯吡脲　forchlorfenuron

5）萘乙酸　1-naphthal acetic acid

6）噻苯隆　thidiazuron

7）烯效唑　uniconazole

注 1：该清单每年都可能根据新的评估结果发布修改单。

注 2：国家新禁用的农药自动从该清单中删除。

【内容解读】

（1）法规前提

涉及农药合理使用的相关法律、行政法规、部门规章和强制性标准等的规定是绿色食品生产中农药使用的前提要求，其中主要有：

① 综合性规定。

《中华人民共和国农产品质量安全法》第二十五条规定："农产品生产者应当按照法律、行政法规和国务院农业行政主管部门的规定，合理使用农业投入品，严格执行农业投入品使用安全间隔期或者休药期的规定，防止危及农产品质量安全。禁止在农产品生产过程中使用国家明令禁止使用的农业投入品。"

《中华人民共和国农业法》第二十五条规定："农药、兽药、饲料和饲料添加剂、肥料、种子、农业机械等可能危害人畜安全的农业生产资料的生产经营，依照相关法律、行政法规的规定实行登记或者许可制度。各级人民政府应当建立健全农业生产资料的安全使用制度，农民和农业生产经营组织不得使用国家明令淘汰和禁止使用的农药、兽药、饲料添加剂等农业生产资料和其他禁止使用的产品。"

国务院《农药管理条例》第二十五条规定："县级以上地方各级人民政府农业行政主管部门应当加强对安全、合理使用农药的指导，根据本地区农业病、虫、草、鼠害发生情况，制定农药轮换使用规划，有计划地轮换使用农药，减缓病、虫、草、鼠的抗药性，提高防治效果。"第二十六条规定："使用农药应当遵守农药防毒规程，正确配药、施药，做好废弃物处理和安全防护工作，防止农药污染环境和农药中毒事故。"第二十七条规定："使用农药应当遵守国家有关农药安全、合理使用的规定，按照规定的用药量、用药次数、用药方法和安全间隔期施药，防止污染农副产品。"

农业部颁布的《农药管理条例实施办法》第二十六条规定："各级农

业技术推广部门应当指导农民按照《农药安全使用规定》和《农药合理使用准则》等有关规定使用农药，防止农药中毒和药害事故发生。”第二十八条规定：“农药使用者应当确认农药标签清晰，农药登记证号或者农药临时登记证号、农药生产许可证号或者生产批准文件号齐全后，方可使用农药。农药使用者应当严格按照产品标签规定的剂量、防治对象、使用方法、施药适期、注意事项施用农药，不得随意改变。”第二十九条规定：“各级农业技术推广部门应当大力推广使用安全、高效、经济的农药。剧毒、高毒农药不得用于防治卫生害虫，不得用于瓜类、蔬菜、果树、茶叶、中草药材等。”第三十条规定：“为了有计划地轮换使用农药，减缓病、虫、草、鼠的抗药性，提高防治效果，省、自治区、直辖市人民政府农业行政主管部门报农业部审查同意后，可以在一定区域内限制使用某些农药。”

② 农药品种的限制性规定。2001 年，在联合国环境规划署主持下制定的“关于持久性有机污染物的《斯德哥尔摩公约》”，规定了在全世界范围内禁用或严格限用对人类、生物及自然环境危害很大的化学物，中国作为该公约的缔约方批准了公约并承担相应义务。2001 年列入首批受控物质清单的有 12 种化学物，2009 年公约缔约方大会第四次会议新增列 9 种持久性有机污染物，2011 年公约缔约方大会第五次会议增列硫丹。至此，在现有全部 22 种受控物质中有 14 种是农药，分别是：艾氏剂、狄氏剂、异狄氏剂、滴滴涕、七氯、氯丹、灭蚁灵、毒杀酚、六氯苯、林丹、α-六六六、β-六六六、十氯酮、硫丹。

中华人民共和国农业部公告第 194 号（2002 年 4 月 22 日发布）：自 2002 年 6 月 1 日起，撤销下列高毒农药（包括混剂）在部分作物上的登记：氧乐果在甘蓝上，甲基异柳磷在果树上，涕灭威在苹果树上，克百威在柑橘树上，甲拌磷在柑橘树上，特丁硫磷在甘蔗上。

中华人民共和国农业部公告第 199 号（2002 年 6 月 5 日发布）：a. 国家明令禁止使用的农药：六六六，滴滴涕，毒杀芬，二溴氯丙烷，杀虫脒，二溴乙烷，除草醚，艾氏剂，狄氏剂，汞制剂，砷、铅类，敌枯双，氟乙酰胺，甘氟，毒鼠强，氟乙酸钠，毒鼠硅。b. 在蔬菜、果树、茶叶、中草药材上不得使用和限制使用的农药：甲胺磷，甲基对硫磷，对硫磷，久效磷，磷胺，甲拌磷，甲基异柳磷，特丁硫磷，甲基硫环磷，治螟磷，内吸磷，克百威，涕灭威，灭线磷，硫环磷，蝇毒磷，地虫硫磷，氯唑磷，苯线磷 19 种高毒农药不得用于蔬菜、果树、茶叶、中草药材上；三氯杀螨醇，氰戊菊酯不得用于茶树上。

中华人民共和国农业部公告第 274 号（2003 年 4 月 30 日发布）：自公告之日起，撤销丁酰肼（比久）在花生上的登记，不得在花生上使用含丁酰肼（比久）的农药产品。

中华人民共和国农业部公告第 322 号（2003 年 12 月 30 日发布）：自 2007 年 1 月 1 日起，撤销含有甲胺磷、对硫磷、甲基对硫磷、久效磷和磷胺 5 种高毒有机磷农药的制剂产品的登记证，全面禁止甲胺磷等 5 种高毒有机磷农药在农业上使用，只保留部分生产能力用于出口。

中华人民共和国农业部公告第 494 号（2005 年 4 月 28 日发布）：含甲磺隆、氯磺隆产品的农药登记证和产品标签应注明“限制在长江流域及其以南地区的酸性土壤（pH＜7）稻麦轮作区的小麦田使用”。产品的推荐用药量以甲磺隆、氯磺隆有效成分计不得超过 7.5 g/hm^2（0.5 g/亩）。

中华人民共和国农业部公告第 632 号（2006 年 4 月 4 日发布）：自 2007 年 1 月 1 日起，全面禁止在国内销售和使用甲胺磷、对硫磷、甲基对硫磷、久效磷和磷胺 5 种高毒有机磷农药。撤销所有含甲胺磷等 5 种高毒有机磷农药产品的登记证和生产许可证（生产批准证书）。保留用于出口的甲胺磷等 5 种高毒有机磷农药生产能力，其农药产品登记证、生产许可证（生产批准证书）发放和管理的具体规定另行制定。

中华人民共和国农业部公告第 1157 号（2009 年 2 月 25 日发布）：自 2009 年 10 月 1 日起，除卫生用、玉米等部分旱田种子包衣剂外，在我国境内停止销售和使用用于其他方面的含氟虫腈成分的农药制剂。农药生产企业和销售单位应当确保所销售的相关农药制剂使用安全，并妥善处置市场上剩余的相关农药制剂。

中华人民共和国农业部公告第 1586 号（2011 年 6 月 15 日发布）：一是自本公告发布之日起，停止受理苯线磷、地虫硫磷、甲基硫环磷、磷化钙、磷化镁、磷化锌、硫线磷、蝇毒磷、治螟磷、特丁硫磷、杀扑磷、甲拌磷、甲基异柳磷、克百威、灭多威、灭线磷、涕灭威、磷化铝、氧乐果、水胺硫磷、溴甲烷、硫丹 22 种农药新增田间试验申请、登记申请及生产许可申请；停止批准含有上述农药的新增登记证和农药生产许可证（生产批准文件）。二是自本公告发布之日起，撤销氧乐果、水胺硫磷在柑橘树，灭多威在柑橘树、苹果树、茶树、十字花科蔬菜，硫线磷在柑橘树、黄瓜，硫丹在苹果树、茶树，溴甲烷在草莓、黄瓜上的登记。本公告发布前已生产产品的标签可以不再更改，但不得继续在已撤销登记的作物上使用。三是自 2011 年 10 月 31 日起，撤销（撤回）苯线磷、地虫硫磷、

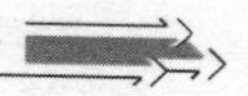

甲基硫环磷、磷化钙、磷化镁、磷化锌、硫线磷、蝇毒磷、治螟磷、特丁硫磷 10 种农药的登记证、生产许可证（生产批准文件），停止生产；自 2013 年 10 月 31 日起，停止销售和使用。

中华人民共和国农业部公告第 2032 号（2013 年 12 月 9 日发布）：一是自 2013 年 12 月 31 日起，撤销氯磺隆（包括原药、单剂和复配制剂，下同）的农药登记证，自 2015 年 12 月 31 日起，禁止氯磺隆在国内销售和使用。二是自 2013 年 12 月 31 日起，撤销胺苯磺隆单剂产品登记证，自 2015 年 12 月 31 日起，禁止胺苯磺隆单剂产品在国内销售和使用；自 2015 年 7 月 1 日起，撤销胺苯磺隆原药和复配制剂产品登记证，自 2017 年 7 月 1 日起，禁止胺苯磺隆复配制剂产品在国内销售和使用。三是自 2013 年 12 月 31 日起，撤销甲磺隆单剂产品登记证，自 2015 年 12 月 31 日起，禁止甲磺隆单剂产品在国内销售和使用；自 2015 年 7 月 1 日起，撤销甲磺隆原药和复配制剂产品登记证，自 2017 年 7 月 1 日起，禁止甲磺隆复配制剂产品在国内销售和使用；保留甲磺隆的出口境外使用登记，企业可在 2015 年 7 月 1 日前，申请将现有登记变更为出口境外使用登记。四是自本公告发布之日起，停止受理福美胂和福美甲胂的农药登记申请，停止批准福美胂和福美甲胂的新增农药登记证；自 2013 年 12 月 31 日起，撤销福美胂和福美甲胂的农药登记证，自 2015 年 12 月 31 日起，禁止福美胂和福美甲胂在国内销售和使用。五是自本公告发布之日起，停止受理毒死蜱和三唑磷在蔬菜上的登记申请，停止批准毒死蜱和三唑磷在蔬菜上的新增登记；自 2014 年 12 月 31 日起，撤销毒死蜱和三唑磷在蔬菜上的登记，自 2016 年 12 月 31 日起，禁止毒死蜱和三唑磷在蔬菜上使用。

综合上述各项规定，得到禁用农药清单（表 2-4）和限制登记使用范围农药清单（表 2-5）。

表 2-4 禁用农药清单

序号	农药名称	禁用依据	起始日期
1	艾氏剂	农业部公告第 199 号、斯德哥尔摩公约	
2	胺苯磺隆	农业部公告第 2032 号	2015 年 12 月 31 日（单剂）；2017 年 7 月 1 日（复配剂）
3	苯线磷	农业部公告第 1586 号	
4	除草醚	农业部公告第 199 号	
5	滴滴涕	农业部公告第 199 号、斯德哥尔摩公约	

（续）

序号	农药名称	禁用依据	起始日期
6	狄氏剂	农业部公告第199号、斯德哥尔摩公约	
7	敌枯双	农业部公告第199号	
8	地虫硫磷	农业部公告第1586号	
9	毒杀芬	农业部公告第199号、斯德哥尔摩公约	
10	毒鼠硅	农业部公告第199号	
11	毒鼠强	农业部公告第199号	
12	对硫磷	农业部公告第322号、第632号	
13	二溴氯丙烷	农业部公告第199号	
14	二溴乙烷	农业部公告第199号	
15	福美胂	农业部公告第2032号	2015年12月31日
16	福美甲胂	农业部公告第2032号	2015年12月31日
17	氟乙酸钠	农业部公告第199号	
18	氟乙酰胺	农业部公告第199号	
19	甘氟	农业部公告第199号	
20	汞制剂	农业部公告第199号	
21	甲胺磷	农业部公告第322号、第632号	
22	甲磺隆	农业部公告第2032号	2015年12月31日（单剂）；2017年7月1日（复配剂）
23	甲基对硫磷	农业部公告第322号、第632号	
24	甲基硫环磷	农业部公告第1586号	
25	久效磷	农业部公告第322号、第632号	
26	林丹	斯德哥尔摩公约	
27	磷胺	农业部公告第322号、第632号	
28	磷化钙	农业部公告第1586号	
29	磷化镁	农业部公告第1586号	
30	磷化锌	农业部公告第1586号	
31	硫丹	斯德哥尔摩公约（保留棉铃虫防治等用途为特定豁免）	
32	硫线磷	农业部公告第1586号	
33	六六六	农业部公告第199号、斯德哥尔摩公约	

（续）

序号	农药名称	禁用依据	起始日期
34	六氯苯	斯德哥尔摩公约	
35	氯丹	斯德哥尔摩公约	
36	氯磺隆	农业部公告第2032号	2015年12月31日
37	灭蚁灵	斯德哥尔摩公约	
38	七氯	斯德哥尔摩公约	
39	杀虫脒	农业部公告第199号	
40	砷、铅类	农业部公告第199号	
41	十氯酮	斯德哥尔摩公约	
42	特丁硫磷	农业部公告第1586号	
43	异狄氏剂	斯德哥尔摩公约	
44	蝇毒磷	农业部公告第1586号	
45	治螟磷	农业部公告第1586号	

表2-5 限制登记使用范围农药清单

序号	农 药	限 制	依 据
1	丁酰肼	撤销在花生上登记，不得使用	农业部公告第274号
2	毒死蜱	2016年12月31日起禁止在蔬菜上使用	农业部公告第2032号
3	氟虫腈	除卫生用、玉米等部分旱田种子包衣剂外，停止销售和使用	农业部公告第1157号
4	甲拌磷	撤销在柑橘上登记	农业部公告第194号
		不得用于蔬菜、果树、茶叶、中草药材上	农业部公告第199号
5	甲磺隆	限长江流域及其以南地区酸性土壤稻麦轮作区的小麦田使用	农业部公告第494号
6	甲基异柳磷	撤销在果树上登记	农业部公告第194号
		不得用于蔬菜、果树、茶叶、中草药材上	农业部公告第199号
7	克百威	撤销在柑橘上登记	农业部公告第194号
		不得用于蔬菜、果树、茶叶、中草药材上	农业部公告第199号
8	硫丹	撤销在苹果树、茶树上登记，不得使用	农业部公告第1586号
9	硫环磷	不得用于蔬菜、果树、茶叶、中草药材上	农业部公告第199号
10	氯磺隆	限长江流域及其以南地区酸性土壤稻麦轮作区的小麦田使用	农业部公告第494号

（续）

序号	农药	限制	依据
11	氯唑磷	不得用于蔬菜、果树、茶叶、中草药材上	农业部公告第 199 号
12	灭多威	撤销在柑橘树、苹果树、茶树、十字花科蔬菜上登记，不得使用	农业部公告第 1586 号
13	灭线磷	不得用于蔬菜、果树、茶叶、中草药材上	农业部公告第 199 号
14	内吸磷	不得用于蔬菜、果树、茶叶、中草药材上	农业部公告第 199 号
15	氰戊菊酯	不得用于茶树上	农业部公告第 199 号
16	三氯杀螨醇	不得用于茶树上	农业部公告第 199 号
17	三唑磷	2016 年 12 月 31 日起禁止在蔬菜上使用	农业部公告第 2032 号
18	水胺硫磷	撤销在柑橘上登记，不得使用	农业部公告第 1586 号
19	涕灭威	撤销在苹果上登记	农业部公告第 194 号
		不得用于蔬菜、果树、茶叶、中草药材上	农业部公告第 199 号
20	溴甲烷	撤销在草莓、黄瓜上登记，不得使用	农业部公告第 1586 号
21	氧乐果	撤销在甘蓝上登记	农业部公告第 194 号
		撤销在柑橘上登记，不得使用	农业部公告第 1586 号
22	剧毒、高毒农药	不得用于防治卫生害虫，不得用于瓜类、蔬菜、果树、茶叶、中草药材等	农药管理条例实施办法

③ 农药使用登记情况。国家实行农药登记制度，截至 2012 年 12 月，我国有效登记状态的农药有效成分共计 627 种，其中正式登记 567 种，临时登记 60 种。包括杀虫剂（含杀螨剂）184 种，杀菌剂（含杀线虫剂）168 种，除草剂 169 种，植物生长调节剂 47 种，卫生杀虫剂 44 种，灭鼠剂 11 种，熏蒸剂 4 种。杀虫剂、杀菌剂、除草剂品种占登记有效成分总数的 83%。登记有效期内的农药产品 27 273 个，其中原药 3 116 个，制剂 24 157 个。正式登记产品 25 615 个，其中大田用产品 23 765 个，卫生用产品 1 850 个；临时登记产品 1 162 个，其中大田用产品 805 个，卫生用产品 357 个；分装登记产品 496 个。登记有效期内的农药企业 2 370 家，其中国企业 2 264 家，国外企业 106 家。具有原药生产能力的企业 731 家；仅加工制剂产品的企业 1 639 家。

(2) 品种选择原则

此处的农药品种是指不同的农药有效成分（即农药产品中具有生物活

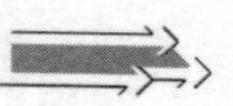

性的特定化学结构成分）。选用农药品种时在应确保符合相关法规的前提下，坚持低风险原则、有效性（对主要防治对象）原则、兼治优先原则和交替使用（不同作用机理农药）原则。

① 低风险原则。选用农药品种时首先要考虑农药使用的低风险特性。这里的风险是指由于农药使用带来的对生态环境、生产操作人员、农作物及其产品安全产生不利影响的可能性。这种可能性取决于农药本身的特性、使用方法以及使用时的环境条件等方面的综合作用。按照常规情况，列入本标准附录A中的绿色食品生产允许使用的农药和其他植保产品本身已经具备了低风险的特性，但实际使用时还应结合使用方法和环境条件等进行综合分析，尽量规避不当使用方法和特殊环境条件等带来的风险增加。

② 有效性原则。农药品种很多，各种农药的防治对象各不相同，有些农药品种可能只对某些甚至某种有害生物有好的防治效果，如井冈霉素对防治水稻纹枯病有很好效果，但对稻瘟病、白叶枯病等其他水稻病害无效。使用农药前首先应明确要防治的有害生物是什么，其中最主要的是什么，并确保所选用的农药对主要防治对象是有效的。

③ 兼治优先原则。在同时有2种或2种以上有害生物需要防治时，如果有一种农药在对主要防治对象有效的前提下，又能兼治其他需要防治的有害生物，则应优先选用这种能兼治的农药。应为这样可以用更小的生态代价和经济成本实现更多的防治目标。

④ 交替使用原则。应尽可能交替使用不同作用机制，没有交互抗性的农药品种。如杀虫剂中有机磷类、拟除虫菊酯类、氨基甲酸酯类、生物制剂和矿物制剂等各类农药的作用机制都不同，可以轮换使用；杀菌剂中内吸性杀菌剂（苯并咪唑类、抗生素类等）容易引起抗药性，应用避免连续使用，接触性杀菌剂（代森类、硫制剂、铜制剂等）不大容易产生抗药性。农药品种的轮换也可采用棋盘式交替用药的方法，即把一大片农田分成若干个区，如棋盘一样，在不同的区内，交替使用2种作用机制不同的农药。

(3) 剂型选择

农药剂型的选择应从绿色食品生态环保和安全的属性出发，重点考虑不同农药剂型中所含的各种助剂及与剂型相联系的不同施药方法对农田生态环境、作业人员健康和农产品质量安全的影响。总体来说，悬浮剂、微囊悬浮剂、水剂、水乳剂、微乳剂、颗粒剂、水分散粒剂和可溶性粒剂等新剂型都明显优于粉剂、乳油等传统的老剂型。

(4) AA级绿色食品生产允许使用农药

AA级绿色食品生产应按照本标准A.1的规定选用农药及其他植物保护产品。在A.1中列出了AA级和A级绿色食品生产均允许使用的农药和其他植保产品清单，共有51种（类），包括植物和动物来源20种（类）、微生物来源6种（类）、生物化学产物3种（类）、矿物来源12种（类）、其他10种（类）。由于AA级绿色食品与有机食品类似，该清单的制定也是以《有机产品　第1部分：生产》（GB/T 19630.1—2011）中的表A.1为基础，但按照AA绿色食品的定义和低风险原则，根据国内登记使用情况和豁免制订食品中最大残留限量标准的农药名单（征求意见稿）等进行调整（表2-6）。

表2-6　与有机食品相比AA级绿色食品允许使用的农药和其他植保产品清单的主要调整

序号	组分名称	调整类型	调整的主要原因
植物和动物来源	鱼藤酮类（如毛鱼藤）	删除	对鱼类高毒
	乙蒜素（大蒜提取物）	增加	风险低，已长期使用
	苦皮藤素（苦皮藤提取物）	增加	低毒，已登记使用
	藜芦碱（百合科藜芦属和喷嚏草属植物提取物）	增加	低毒，已登记使用
	桉油精（桉树叶提取物）	增加	低毒，已登记使用
	牛奶	删除	成本高，效果不确定
	蜂胶	删除	成本高，效果不确定
	卵磷脂	删除	成本高，效果不确定
微生物来源	多杀霉素、乙基多杀菌素	增加	低毒，已登记使用
	春雷霉素、多抗霉素、井冈霉素、(硫酸)链霉素、嘧啶核苷类抗菌素、宁南霉素、申嗪霉素和中生菌素	增加	低毒，已登记使用
	S-诱抗素	增加	低毒，已登记使用，列入豁免清单
生物化学产物	氨基寡糖素、香菇多糖、几丁聚糖、苄氨基嘌呤、超敏蛋白、赤霉酸、羟烯腺嘌呤、三十烷醇	增加	低毒，已登记使用，列入豁免清单
	低聚糖素、乙烯利、吲哚丁酸、吲哚乙酸、芸薹素内酯	增加	低毒，已登记使用

（续）

序号	组分名称	调整类型	调整的主要原因
矿物来源	波尔多液	合并	并入铜盐
	石蜡油	合并	并入矿物油
其他	过氧化物类和含氯类消毒剂（如过氧乙酸、二氧化氯、二氯异氰尿酸钠、三氯异氰尿酸等）	增加	这类消毒剂在卫生上广泛用于环境消毒，也用于饮用水和果蔬消毒；在植保上用于土壤消毒效果好；在环境中消解快，基本无有害残留物
	明矾	删除	根据CFSA的评估结果，我国居民特别是儿童存在铝摄入的健康风险，其中4～6岁儿童中有40%以上个体铝摄入量超过安全摄入量
诱捕器和屏障	物理措施（如色彩诱器、机械诱捕器）	删除	在标准的第4章已述及，且在我国这类物理防治产品不被农药概念涵盖
	覆盖物（网）	删除	

（5）A级绿色食品生产允许使用农药

① 允许使用农药清单的筛选原则。标准中A.2所列的有机合成农药清单是通过对342种农药的逐一评估和综合分析筛选确定，评估依据包括国内人群的膳食暴露和风险评估结果、WHO农药危害性分类、我国农药毒性分类、JMPR评估及其被CAC采纳情况、美国和欧盟等发达国家的登记使用情况等。能否列入清单主要基于以下原则：

国家估计每日摄入量：国内人群的膳食暴露风险评估结果，一般要求国家估计每日摄入量（NEDI）在ADI的20%以内。目前国际上认可的农药ADI值通常是基于种间差异和个体间差异各10倍的安全系数（共100倍）得到的。但近年国际上的一些研究认为，对于婴幼儿等特别敏感人群以及农产品（食品）中多种农药残留问题特别严重的情况下，常规评估方法可能存在风险估计不足。而按照国家估计每日摄入量（NEDI）在ADI的20%以内（意味着评估的安全系数提高了5倍）的标准来筛选绿色食品生产中允许使用的有机合成农药，可以基本上弥补这2个方面的风险估计不足问题。按照这一筛选条件，筛去1/3左右的农药。

WHO农药危害性分类：列为淘汰类（O）、极高危险性类（Ⅰa）和高危险性类（Ⅰb）的农药被排除在清单之外；没有分类的农药，可根据国际权威机构认可的毒理学数据，按 WHO 的分类方法确定类别。

中国农药毒性分类：列入允许使用清单的以低毒和微毒农药为主，部分用途确有需要，也包括少量中毒农药，剧毒和高毒农药全部排除在允许使用的农药清单之外。农药毒性分级标准如表 2-7 所示。

表 2-7 农药毒性分级

毒性分级	级别符号语	经口半数致使量（mg/kg）	经皮半数致使量（mg/kg）	吸入半数致使浓度（mg/m³）
Ⅰa级	剧毒	≤5	≤20	≤20
Ⅰb级	高毒	5～50	20～200	20～200
Ⅱ级	中等毒	50～500	200～2 000	200～2 000
Ⅲ级	低毒	500～5 000	2 000～5 000	2 000～5 000
Ⅳ级	微毒	>5 000	>5 000	>5 000

JMPR 风险评估结果：如 JMPR 评估结果存在风险，CAC 已将原有的 MRL 全部撤销的农药排除在清单之外。

农药长残留特性：长残留农药排除在清单之外。农药中长残留特性最为显著的是有机氯类农药，这类农药在农业部的相关公告中已经明确禁用。除此之外，还有一些农药（主要是磺酰脲类除草剂）其长残留特性虽然没有像有机氯农药这样显著，但也可以达到二、三年，并可能影响后茬作物。这类农药也不允许在绿色食品生产中使用。

发达国家登记使用情况：一般应在美国或欧盟登记使用；部分用途确有需要，可用日本、澳大利亚、加拿大或欧盟国家中的至少 2 个国家登记来替代；少数国内自主开发，经系统评估和长期使用风险很低的农药不受此条限制。

对 342 种农药的逐一评估和综合分析筛选如表 2-8～表 2～13 所示。

表 2-8 杀螨剂的风险评估结果

序号	农药	%ADI（%）[a]	JMPR评估[b]	WHO农药危害性分类[c]	中国毒性分级	美国登记使用	欧盟登记使用	列入清单
1	苯丁锡	16.9	MRL	Ⅲ	低毒	登记		是
2	苯螨特	0.0		O	低毒			
3	哒螨灵	166.0		Ⅱ	低毒	登记		
4	丁醚脲	21.7		Ⅲ	低毒			

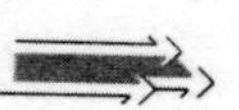

（续）

序号	农药	%ADI（%）[a]	JMPR评估[b]	WHO农药危害性分类[c]	中国毒性分级	美国登记使用	欧盟登记使用	列入清单
5	喹螨醚	19.4		Ⅱ	中毒	登记		是
6	联苯肼酯	0.2			低毒	登记	登记	是
7	螺螨酯	0.4	MRL		低毒	登记		是
8	炔螨特	46.0	MRL	Ⅲ	低毒	登记		
9	噻螨酮	1.3	MRL	U	低毒	登记		是
10	三环锡	13.3	MRL	Ⅱ	低毒			
11	三氯杀螨醇	38.9	MRL	Ⅱ	低毒	登记		
12	三氯杀螨砜	2.0		U	低毒			
13	三唑锡	48.4	MRL	Ⅱ	中毒			
14	双甲脒	28.6	MRL	Ⅱ	低毒	登记		
15	四螨嗪	3.6	MRL	Ⅲ	低毒	登记	登记	是
16	溴螨酯	24.2	MRL	U	低毒			
17	乙螨唑	0.0	MRL		低毒	登记	登记	是
18	唑螨酯	2.2	MRL	Ⅱ	中毒	登记	登记	是

[a] 国家估计每日摄入量（NEDI）占每日允许摄入量（ADI）的百分率，NEDI一般应用残留中值来计算，但很多农药因缺少系统的残留试验，部分或全部农产品的残留会用MRL值来替代，导致摄入估计偏高。

[b] MRL：已有JMPR推荐的MRL值被CAC采纳；W：CAC原有的MRL值已被全面撤销。

[c] WHO按照农药的急性毒性，分为淘汰类（O）、极危险性类（Ⅰa）、高危险性类（Ⅰb）、中危险性类（Ⅱ）、轻危险性类（Ⅲ）、通常不可能有急性危险类（U）和熏蒸剂类（FM）。

表2-9 杀虫剂的风险评估结果

序号	农药	%ADI（%）[a]	JMPR评估[b]	WHO农药危害性分类[c]	中国毒性分级	美国登记使用	欧盟登记使用	列入清单	备注[d]
1	S-氰戊菊酯	26.1	MRL	Ⅱ	中毒	登记	登记	是	H
2	阿维菌素	12.1	MRL		高毒		登记		
3	保棉磷	22.7	MRL	Ⅰb	高毒	登记			
4	倍硫磷	8.4	MRL	Ⅱ	中毒				
5	苯硫威	48.4		Ⅱ	低毒				
6	吡丙醚	2.5	MRL	U	低毒	登记	登记	是	
7	吡虫啉	9.3	MRL	Ⅱ	中毒	登记	登记	是	

（续）

序号	农药	%ADI（%）[a]	JMPR评估[b]	WHO农药危害性分类[c]	中国毒性分级	美国登记使用	欧盟登记使用	列入清单	备注[d]
8	吡蚜酮	0.7			低毒	登记	登记	是	
9	丙硫克百威	0.7		Ⅱ	中毒				
10	丙溴磷	5.2	MRL	Ⅱ	中毒	登记		是	
11	虫螨腈	67.7		Ⅱ	低毒	登记			
12	虫酰肼	57.6	MRL	U	低毒	登记			
13	除虫菊素	13.1	MRL	Ⅱ	低毒	登记	登记	是	
14	除虫脲	15.0	MRL	Ⅲ	低毒	登记	登记	是	
15	单甲脒	9.0			中毒				
16	稻丰散	27.0	W	Ⅱ	中毒				
17	敌百虫	49.0	W	Ⅱ	低毒	登记			
18	敌敌畏	78.5	MRL	Ⅰb	中高	登记			
19	地虫硫磷	5.5		O	高毒				
20	丁硫克百威	67.3	MRL	Ⅱ	中毒				
21	丁烯氟虫腈	0.5							
22	啶虫脒	8.5			中毒	登记	登记	是	
23	毒死蜱	19.6	MRL	Ⅱ	中毒	登记	登记	是	
24	二嗪磷	91.2	MRL	Ⅱ	中毒	登记			
25	伏杀硫磷	31.5	MRL	Ⅱ	中毒				
26	氟胺氰菊酯	45.7		Ⅲ	中毒	登记			
27	氟苯脲	25.4		U	低毒				
28	氟虫腈	81.7	MRL	Ⅱ	中毒	登记	登记		
29	氟虫脲	1.8		Ⅲ	低毒			是	R
30	氟虫双酰胺	29.3	MRL		低毒	登记			
31	氟啶虫胺腈	1.5			低毒				
32	氟啶虫酰胺	1.1			低毒	登记		是	
33	氟啶脲	18.1		U	低毒				
34	氟铃脲	3.7		U	低毒	登记		是	
35	氟氯氰菊酯	6.9	MRL	Ⅰb	中低	登记	登记		
36	氟氰戊菊酯	30.2	W	Ⅰb	中毒				
37	高效氟氯氰菊酯	2.0	MRL	Ⅰb	低毒				

（续）

序号	农药	%ADI (%)[a]	JMPR评估[b]	WHO农药危害性分类[c]	中国毒性分级	美国登记使用	欧盟登记使用	列入清单	备注[d]
38	高效氯氟氰菊酯	6.7	MRL	Ⅱ	中毒				
39	高效氯氰菊酯	10.4	MRL	Ⅱ	低毒	登记		是	
40	甲氨基阿维菌素苯甲酸盐	20.8		Ⅱ	中毒	登记		是	H
41	甲拌磷	24.0	MRL	Ⅰa	高毒	登记			
42	甲基毒死蜱	373.8	MRL	Ⅲ	低毒	登记	登记		H
43	甲基嘧啶磷	61.9	MRL	Ⅱ	低毒	登记	登记		
44	甲基异柳磷	8.4		O	高毒				
45	甲萘威	154.3	MRL	Ⅱ	低毒	登记			
46	甲氰菊酯	18.2	MRL	Ⅱ	中毒	登记		是	
47	久效磷	50.0	W	Ⅰb	高毒				
48	抗蚜威	18.5	MRL	Ⅱ	中毒		登记	是	
49	克百威	108.1	MRL	Ⅰb	高毒	登记			
50	喹硫磷	23.0		Ⅱ	中毒				
51	乐果	335.7	MRL	Ⅱ	中毒	登记	登记		
52	联苯菊酯	14.6	MRL	Ⅱ	中毒	登记		是	
53	林丹	28.3	MRL	Ⅱ	中毒				
54	磷化镁	0.2			高毒	登记	登记		
55	磷化氢	14.7		FM	高毒	登记			
56	硫丹	127.1	MRL	Ⅱ	中毒	登记			
57	硫环磷	1.5		O	高毒				
58	硫双威	48.8	W	Ⅱ	中毒	登记			
59	硫线磷	49.9	MRL	Ⅰb	高毒				
60	螺虫乙酯	3.1	MRL	Ⅲ	低毒	登记		是	
61	氯虫苯甲酰胺	1.5	MRL	U	低毒	登记		是	
62	氯氟氰菊酯	35.1	MRL	Ⅱ	中毒				H
63	氯菊酯	42.4	MRL	Ⅱ	中低	登记		是	H
64	氯氰菊酯	22.6	MRL	Ⅱ	中低		登记	是	H
65	氯噻啉	0.7			中低				
66	氯唑磷	191.3		O	中高				

（续）

序号	农药	%ADI (%)[a]	JMPR评估[b]	WHO农药危害性分类[c]	中国毒性分级	美国登记使用	欧盟登记使用	列入清单	备注[d]
67	马拉硫磷	26.8	MRL	Ⅲ	低毒	登记			
68	灭多威	55.6	MRL		高毒	登记			
69	灭线磷	36.7	MRL	Ⅰa	高毒	登记	登记		
70	灭蝇胺	4.9	MRL	Ⅲ	低毒	登记		是	
71	灭幼脲	1.3		Ⅲ	低毒			是	自主
72	氰化物	79.3			高毒				
73	氰戊菊酯	34.0	MRL	Ⅱ	中毒				
74	噻虫啉	5.1	MRL	Ⅱ	中毒	登记	登记	是	
75	噻虫嗪	27.4	MRL		低毒	登记	登记	是	H
76	噻嗪酮	40.6	MRL	Ⅲ	低毒	登记		是	H
77	三唑磷	67.9	MRL	Ⅰb	中毒				
78	杀虫单	84.7			中毒				
79	杀虫环	1.5		Ⅱ	中毒				
80	杀虫脒	5.1	W	O	中毒				
81	杀虫双	3.0			中毒				
82	杀铃脲	1.2		U	低毒				H
83	杀螟丹	19.2	W	Ⅱ	中毒				
84	杀螟硫磷	184.4	MRL	Ⅱ	低毒	登记			
85	杀扑磷	159.7	MRL	Ⅰb	高毒	登记			
86	水胺硫磷	14.0			高毒				
87	顺式氯氰菊酯	28.1	MRL	Ⅱ	中毒				
88	特丁硫磷	10.2	MRL	Ⅰa	高毒	登记			
89	涕灭威	9.2	MRL	Ⅰa	高毒	登记			
90	烯啶虫胺	0.4			低毒				
91	辛硫磷	11.8		Ⅱ	低毒			是	R
92	溴氰菊酯	72.7	MRL	Ⅱ	低毒	登记	登记		
93	蚜灭磷	9.1	W	Ⅰb	中毒				
94	亚胺硫磷	69.8	MRL	Ⅱ	中毒	登记	登记		
95	烟碱	4.5		Ⅰb	中毒	登记			
96	氧乐果	74.1	W	Ⅰb	高毒				

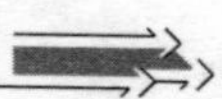

（续）

序号	农药	%ADI（%）[a]	JMPR评估[b]	WHO农药危害性分类[c]	中国毒性分级	美国登记使用	欧盟登记使用	列入清单	备注[d]
97	乙拌磷	308.5	MRL	Ⅰa	高毒				
98	乙虫腈	0.8			低毒				
99	乙基多杀菌素	0.1	MRL	U	低毒	登记		是	
100	乙硫磷	51.0	W	Ⅱ	中毒				
101	乙酰甲胺磷	33.7	MRL	Ⅱ	低毒	登记	登记		
102	异丙威	62.9		Ⅱ	中毒				
103	印楝素	3.3			低毒			是	R
104	茚虫威	15.5	MRL	Ⅱ	低毒	登记	登记	是	
105	蝇毒磷	84.7	W	Ⅰb	高毒	登记			
106	鱼藤酮	27.3		Ⅱ	中毒	登记		是	H
107	治螟磷	5.1		Ⅰa	高毒				
108	仲丁威	3.9		Ⅱ	低毒				
109	唑虫酰胺	6.7			中毒	登记			

[a] 国家估计每日摄入量（NEDI）占每日允许摄入量（ADI）的百分率，NEDI一般应用残留中值来计算，但很多农药因缺少系统的残留试验，部分或全部农产品的残留会用MRL值来替代，导致摄入估计偏高。

[b] MRL：已有JMPR推荐的MRL值被CAC采纳；W：CAC原有的MRL值已被全面撤销。

[c] WHO按照农药的急性毒性，分为淘汰类（O）、极危险性类（Ⅰa）、高危险性类（Ⅰb）、中危险性类（Ⅱ）、轻危险性类（Ⅲ）、通常不可能有急性危险类（U）和熏蒸剂类（FM）。

[d] H＝因用MRL代替残留中值，导致残留的膳食摄入风险高估；R＝日本、澳大利亚、加拿大或欧盟国家中至少有2个国家登记使用。

表2-10 除草剂的风险评估结果

序号	农药	%ADI（%）[a]	JMPR评估[b]	WHO农药危害性分类[c]	中国毒性分级	美国登记使用	欧盟登记使用	列入清单	备注[d]
1	2甲4氯	0.6		Ⅱ	低毒	登记	登记	是	
2	氨氯吡啶酸	0.4		U	低毒	登记	登记	是	
3	胺苯磺隆	0.0			低毒	登记			长残留
4	百草枯	38.3	MRL	Ⅱ	中毒	登记			
5	苯磺隆	1.1		U	低毒	登记			长残留
6	苯噻酰草胺	2.1		U	低毒				
7	吡草醚	0.0			低毒	登记	登记		

（续）

序号	农药	%ADI（%）[a]	JMPR评估[b]	WHO农药危害性分类[c]	中国毒性分级	美国登记使用	欧盟登记使用	列入清单	备注[d]
8	吡氟禾草灵	2.1		O	低毒				
9	吡氟酰草胺	0.0		Ⅲ	低毒		登记		国内未登记
10	吡嘧磺隆	0.9		U	低毒				长残留
11	苄嘧磺隆	0.1		U	低毒	登记			长残留
12	丙草胺	2.1		U	低毒				
13	丙炔噁草酮	0.2			低毒		登记		
14	丙炔氟草胺	0.1			低毒	登记	登记	是	
15	草铵膦	0.6	MRL	Ⅱ	低毒	登记		是	
16	草除灵	8.7		Ⅲ	低毒				
17	草甘膦	1.2	MRL	Ⅲ	低毒	登记	登记	是	
18	单嘧磺隆	0.0			低毒				长残留
19	敌稗	3.8		Ⅱ	低毒	登记			
20	敌草快	59.5	MRL	Ⅱ	中毒	登记	登记		
21	敌草隆	10.6		Ⅲ	低毒	登记	登记	是	
22	丁草胺	2.1		Ⅲ	低毒				
23	噁草酮	6.1		U	低毒	登记	登记	是	
24	噁嗪草酮	0.4			低毒				
25	二甲戊灵	2.7		Ⅱ	低毒	登记	登记	是	
26	二氯吡啶酸	3.6		Ⅲ	低毒	登记	登记	是	
27	二氯喹啉酸	0.0		Ⅲ	低毒	登记		是	
28	砜嘧磺隆	0.0		U	低毒	登记	登记		长残留
29	氟吡磺隆	0.1			低毒				
30	氟吡甲禾灵	93.4	MRL	Ⅱ	中毒				
31	氟磺胺草醚	1.4		Ⅱ	低毒	登记			长残留
32	氟磺唑草胺	0.0			低毒	登记			
33	氟乐灵	3.0		U	低毒	登记			长残留
34	氟烯草酸	0.2			低毒	登记			
35	氟唑磺隆	0.0		U	低毒	登记		是	
36	高效氟吡甲禾灵	36.3	MRL	Ⅱ	中毒				

 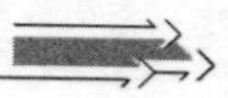

（续）

序号	农药	%ADI（%）[a]	JMPR评估[b]	WHO农药危害性分类[c]	中国毒性分级	美国登记使用	欧盟登记使用	列入清单	备注[d]
37	禾草丹	2.7		Ⅱ	低毒	登记		是	
38	禾草敌	1.9		Ⅱ	低毒		登记	是	
39	禾草灵	1.0		Ⅱ	低毒	登记		是	
40	环丙嘧磺隆	1.6			低毒				长残留
41	环嗪酮	0.0		Ⅱ	低毒	登记		是	
42	环酯草醚	0.7			低毒				
43	磺草酮	0.0			低毒		登记	是	
44	甲草胺	0.9		Ⅱ	低毒	登记		是	
45	甲磺隆	0.1		U	低毒	登记			长残留
46	甲基碘磺隆钠盐	0.0			低毒	登记	登记		长残留
47	甲基二磺隆	0.0			低毒	登记			长残留
48	甲咪唑烟酸	0.0			低毒	登记			
49	甲羧除草醚	0.0		U	低毒		登记		国内未登记
50	甲氧咪草烟	0.0			低毒	登记	登记		国内未登记
51	精吡氟禾草灵	2.9		Ⅲ	低毒	登记		是	
52	精噁唑禾草灵	52.4			低毒	登记			
53	精喹禾灵	10.4		Ⅱ	低毒	登记		是	
54	精异丙甲草胺	0.6		Ⅲ	低毒				
55	绿麦隆	0.8			低毒		登记	是	
56	氯吡嘧磺隆	0.0			低毒	登记			国内未登记
57	氯氟吡氧乙酸（异辛酸）	0.1		U	低毒	登记	登记	是	
58	氯氟吡氧乙酸异辛酯	0.1		U	低毒	登记		是	
59	氯磺隆	0.1		U	低毒	登记			长残留
60	氯嘧磺隆	0.0		Ⅲ	低毒	登记			长残留
61	麦草畏	1.0	MRL	Ⅱ	低毒	登记	登记	是	
62	咪唑喹啉酸	0.0		U	低毒	登记	登记	是	
63	咪唑乙烟酸	0.0		U	低毒	登记			长残留

（续）

序号	农药	%ADI（%）[a]	JMPR评估[b]	WHO农药危害性分类[c]	中国毒性分级	美国登记使用	欧盟登记使用	列入清单	备注[d]
64	醚磺隆	0.5		U	低毒				长残留
65	嘧苯胺磺隆	0.4			低毒	登记			
66	灭草松	0.8	MRL	Ⅱ	低毒		登记	是	
67	哌草丹	3.8		Ⅱ	低毒				
68	氰草津	0.9		Ⅱ	中毒				
69	氰氟草酯	1.9		U	低毒	登记	登记	是	
70	炔草酯	0.7			低毒	登记		是	
71	乳氟禾草灵	0.0			低毒	登记		是	
72	噻吩磺隆	1.7		U	低毒	登记		是	
73	三氟羧草醚	0.2		Ⅱ	低毒				
74	杀草强	1.8	MRL	U	低毒	登记	登记		国内无登记
75	双氟磺草胺	0.0		U	低毒	登记	登记	是	
76	甜菜安	0.0		U	低毒	登记	登记	是	
77	甜菜宁	0.0		U	低毒	登记	登记	是	
78	西草净	0.2		Ⅱ	低毒				
79	西玛津	0.1		U	低毒	登记		是	
80	烯草酮	0.2	MRL		低毒	登记		是	
81	烯禾啶	1.1		Ⅲ	低毒	登记		是	
82	酰嘧磺隆	0.0			低毒		登记		长残留
83	硝磺草酮	0.0			低毒	登记	登记	是	
84	辛酰溴苯腈	0.7			中毒	登记			
85	溴苯腈	0.4		Ⅱ	中毒	登记	登记		
86	烟嘧磺隆	0.0		U	低毒	登记	登记		长残留
87	野麦畏	0.1		Ⅲ	低毒	登记		是	
88	野燕枯	0.3		Ⅱ	中毒				
89	乙草胺	2.7		Ⅲ	低毒	登记		是	
90	乙羧氟草醚	0.0		Ⅱ	低毒				
91	乙氧氟草醚	0.3		U	低毒	登记		是	
92	乙氧磺隆	0.5			低毒		登记		长残留
93	异丙草胺	0.0			低毒				

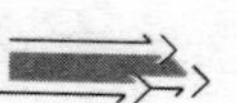

（续）

序号	农药	%ADI（%）[a]	JMPR评估[b]	WHO农药危害性分类[c]	中国毒性分级	美国登记使用	欧盟登记使用	列入清单	备注[d]
94	异丙甲草胺	1.1		Ⅲ	低毒	登记		是	
95	异丙隆	3.0		Ⅱ	低毒		登记	是	
96	异噁草酮	0.2		Ⅱ	低毒	登记	登记		长残留
97	莠灭净	0.3		Ⅱ	低毒	登记		是	
98	莠去津	0.6		Ⅲ	低毒	登记			长残留
99	唑草酮	0.4			低毒	登记	登记	是	
100	唑嘧磺草胺	0.0		U	低毒	登记			长残留
101	仲丁灵	0.0		Ⅱ	低毒	登记		是	

[a] 国家估计每日摄入量（NEDI）占每日允许摄入量（ADI）的百分率，NEDI一般应用残留中值来计算，但很多农药因缺少系统的残留试验，部分或全部农产品的残留会用MRL值来替代，导致摄入估计偏高。

[b] MRL：已有JMPR推荐的MRL值被CAC采纳；W：CAC原有的MRL值已被全面撤销。

[c] WHO按照农药的急性毒性，分为淘汰类（O）、极危险性类（Ⅰa）、高危险性类（Ⅰb）、中危险性类（Ⅱ）、轻危险性类（Ⅲ）、通常不可能有急性危险类（U）和熏蒸剂类（FM）。

[d] H＝因用MRL代替残留中值，导致残留的膳食摄入风险高估；R＝日本、澳大利亚、加拿大或欧盟国家中至少有2个国家登记使用。

表2-11 植物生长调节剂的风险评估结果

序号	农药	%ADI（%）[a]	JMPR评估[b]	WHO农药危害性分类[c]	中国毒性分级	美国登记使用	欧盟登记使用	列入清单	备注[d]
1	2，4-滴	23.1	MRL	Ⅱ	中毒	登记	登记	是	H
2	S-诱抗素				低毒	登记		是	美国限量豁免
3	矮壮素	27.1	MRL	Ⅱ	低毒	登记		是	H
4	胺鲜酯	0.6			低毒				
5	超敏蛋白				低毒	登记			美国限量豁免
6	赤霉酸			U	低毒	登记	登记	是	美国限量豁免
7	单氰胺	0.0			中毒				
8	多效唑	3.3		Ⅱ	低毒	登记		是	
9	氯吡脲	0.5			低毒	登记	登记	是	
10	萘乙酸（钠）	0.4		Ⅲ	低毒	登记		是	
11	三十烷醇			Ⅲ	低毒				

（续）

序号	农药	%ADI（%）[a]	JMPR评估[b]	WHO农药危害性分类[c]	中国毒性分级	美国登记使用	欧盟登记使用	列入清单	备注[d]
12	噻苯隆	1.5		Ⅲ	低毒	登记		是	
13	烯效唑	1.6		Ⅱ	低毒	登记		是	
14	乙烯利	15.6	MRL	Ⅲ	低毒	登记	登记	是	
15	芸薹素内酯			Ⅲ	低毒				

[a] 国家估计每日摄入量（NEDI）占每日允许摄入量（ADI）的百分率，NEDI一般应用残留中值来计算，但很多农药因缺少系统的残留试验，部分或全部农产品的残留会用MRL值来替代，导致摄入估计偏高。

[b] MRL：已有JMPR推荐的MRL值被CAC采纳；W：CAC原有的MRL值已被全面撤销。

[c] WHO按照农药的急性毒性，分为淘汰类（O）、极危险性类（Ⅰa）、高危险性类（Ⅰb）、中危险性类（Ⅱ）、轻危险性类（Ⅲ）、通常不可能有急性危险类（U）和熏蒸剂类（FM）。

[d] H＝因用MRL代替残留中值，导致残留的膳食摄入风险高估；R＝日本、澳大利亚、加拿大或欧盟国家中至少有2个国家登记使用。

表2-12 杀菌剂的风险评估结果

序号	农药	%ADI（%）[a]	JMPR评估[b]	WHO农药危害性分类[c]	中国毒性分级	美国登记使用	欧盟登记使用	列入清单	备注[d]
1	百菌清	116.3	MRL	U	低毒	登记	登记		
2	苯氟磺胺	14.7	MRL	U	低毒				
3	苯菌灵	0.2	W	U	低毒				
4	苯醚甲环唑	65.8	MRL	Ⅱ	低毒	登记	登记		
5	苯锈啶	0.2		Ⅱ	低毒		登记		国内未登记
6	吡唑醚菌酯	13.4	MRL		低毒	登记	登记	是	
7	丙环唑	0.8	MRL	Ⅱ	低毒	登记	登记	是	
8	丙硫多菌灵	0.2			低毒				
9	丙森锌	54.6	MRL	U	低毒		登记		
10	春雷霉素	0.6		U	低毒			是	
11	代森铵	21.9			中毒				
12	代森联	4.5	MRL		低毒	登记	登记	是	
13	代森锰锌	23.9	MRL	U	低毒	登记	登记	是	H
14	代森锌	25.7	MRL	U	低毒			是	H
15	稻瘟灵	23.8		Ⅱ	低毒				

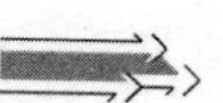

（续）

序号	农药	%ADI（%）[a]	JMPR评估[b]	WHO农药危害性分类[c]	中国毒性分级	美国登记使用	欧盟登记使用	列入清单	备注[d]
16	稻瘟酰胺	1.9			低毒				
17	敌磺钠	3.4		O	中毒				
18	敌菌灵	44.4	W	O	低毒				
19	敌瘟磷	12.7	W	Ⅰb	中毒				
20	丁香菌酯	0.0			低毒				
21	啶酰菌胺	2.2	MRL	U	低毒	登记	登记	是	
22	啶氧菌酯	0.0			低毒		登记	是	
23	多菌灵	41.9	MRL	U	低毒	登记	登记	是	H
24	多杀霉素	37.5	MRL	Ⅲ	低毒	登记	登记	是	H
25	噁霉灵	0.8		Ⅲ	低毒	登记		是	
26	噁霜灵	10.2		Ⅱ	低毒			是	
27	噁唑菌酮	61.5	MRL	U	低毒	登记	登记		
28	二苯胺	4.5	MRL		中毒	登记			国内无登记
29	二氰蒽醌	38.7	MRL	Ⅱ	中毒				
30	粉唑醇	0.2		Ⅱ	低毒	登记		是	
31	氟吡菌胺	0.2	MRL		低毒	登记		是	
32	氟啶胺	4.3			低毒	登记	登记	是	
33	氟硅唑	51.9	MRL	Ⅱ	低毒		登记		
34	氟环唑	3.8			低毒		登记	是	
35	氟菌唑	1.3		Ⅱ	低毒	登记		是	
36	氟吗啉	1.4			低毒				
37	福美双	53.1	MRL	Ⅱ	低毒	登记	登记		
38	福美锌	41.1	MRL	Ⅱ	低毒	登记	登记		
39	腐霉利	12.4		U	低毒			是	R
40	咯菌腈	0.2	MRL	U	低毒	登记	登记	是	
41	环丙唑醇	0.1	MRL	Ⅱ	低毒	登记			国内未登记
42	己唑醇	29.1	W	Ⅲ	低毒				
43	甲基立枯磷	0.1	MRL	U	低毒		登记	是	
44	甲基硫菌灵	7.7	MRL	U	低毒	登记	登记	是	
45	甲霜灵	4.2	MRL	Ⅱ	低毒	登记		是	

（续）

序号	农药	%ADI (%)[a]	JMPR 评估[b]	WHO 农药危害性分类[c]	中国毒性分级	美国登记使用	欧盟登记使用	列入清单	备注[d]
46	腈苯唑	2.5	MRL	Ⅲ	低毒	登记		是	
47	井冈霉素				低毒			是*	自主
48	腈菌唑	3.1	MRL	Ⅱ	低毒	登记		是	
49	精甲霜灵	2.5	MRL	Ⅱ	低毒			是	
50	克菌丹	33.3	MRL	U	低毒	登记	登记	是	H
51	氯苯嘧啶醇	2.2	MRL	Ⅲ	低毒	登记			国内未登记
52	氯啶菌酯	0.1			低毒				
53	咪鲜胺（锰盐）	91.7	MRL	Ⅱ	低毒				H
54	醚菌酯	0.1	MRL		低毒	登记	登记	是	
55	嘧菌酯	2.5	MRL	U	低毒	登记	登记	是	
56	嘧霉胺	3.0	MRL	Ⅲ	低毒	登记	登记	是	
57	灭菌丹	82.9	MRL	U	低毒	登记	登记		
58	宁南霉素	0.1			低毒				
59	氰霜唑	0.4			低毒	登记	登记	是	
60	噻呋酰胺	14.2		U	低毒				
61	噻菌灵	22.8	MRL	Ⅲ	低毒	登记	登记	是	H
62	噻霉酮	0.0			低毒				
63	噻唑锌	1.7			低毒				
64	三苯基氢氧化锡	6.3	W	Ⅱ	中毒	登记			
65	三环唑	19.0		Ⅱ	中毒				
66	三氯异氰尿酸	146.2			低毒	登记			
67	三乙膦酸铝	0.9		U	低毒	登记		是	
68	三唑醇	1.5	MRL	Ⅱ	低毒	登记	登记	是	
69	三唑酮	11.5	MRL	Ⅱ	低毒	登记		是	
70	双胍三辛烷苯基磺酸盐	18.7		Ⅱ	低毒				
71	双炔酰菌胺	1.7	MRL	U	低毒	登记		是	

（续）

序号	农药	%ADI (%)[a]	JMPR评估[b]	WHO农药危害性分类[c]	中国毒性分级	美国登记使用	欧盟登记使用	列入清单	备注[d]
72	霜霉威	2.6	MRL	U	低毒		登记	是	
73	霜脲氰	15.7		Ⅱ	低毒	登记	登记	是	
74	四氯苯酞	0.3		U	低毒				
75	萎锈灵	2.0		Ⅲ	低毒	登记		是	
76	肟菌酯	52.4	MRL	U	低毒	登记	登记		
77	五氯硝基苯	11.8	MRL	U	低毒				
78	戊唑醇	6.8	MRL	Ⅱ	低毒	登记	登记	是	
79	烯肟菌胺	0.1			低毒				
80	烯酰吗啉	1.4	MRL	U	低毒	登记	登记	是	
81	烯唑醇	11.7		Ⅱ	低毒				
82	溴菌腈	0.1			低毒				
83	亚胺唑	2.5		U	低毒				
84	乙霉威	13.1		U	低毒				
85	乙嘧酚	1.0		U	低毒				
86	乙蒜素	8.4			中毒				
87	乙烯菌核利	73.0	W	U	低毒	登记			
88	乙氧喹啉	43.5	MRL		低毒	登记			国内无登记
89	异稻瘟净	0.6		Ⅱ	中毒				
90	异菌脲	35.7	MRL	Ⅲ	低毒	登记	登记	是	H
91	抑霉唑	21.8	MRL	Ⅱ	中毒	登记	登记	是	H
92	唑菌酯	3.2			低毒				

[a] 国家估计每日摄入量（NEDI）占每日允许摄入量（ADI）的百分率，NEDI一般应用残留中值来计算，但很多农药因缺少系统的残留试验，部分或全部农产品的残留会用MRL值来替代，导致摄入估计偏高。

[b] MRL：已有JMPR推荐的MRL值被CAC采纳；W：CAC原有的MRL值已被全面撤销。

[c] WHO按照农药的急性毒性，分为淘汰类（O）、极危险性类（Ⅰa）、高危险性类（Ⅰb）、中危险性类（Ⅱ）、轻危险性类（Ⅲ）、通常不可能有急性危险类（U）和熏蒸剂类（FM）。

[d] H＝因用MRL代替残留中值，导致残留的膳食摄入风险高估；R＝日本、澳大利亚、加拿大或欧盟国家中至少有2个国家登记使用。

表 2-13　其他农药的风险评估结果

序号	农药	%ADI (%)[a]	JMPR 评估[b]	WHO 农药危害性分类[c]	中国毒性分级	美国登记使用	欧盟登记使用	列入清单	备注[d]
1	苯线磷	16.0	MRL	Ⅰb	高毒		登记		杀线虫剂
2	氯化苦	68.6		FM	中毒	登记			熏蒸剂，H
3	棉隆[e]			FM	低毒	登记		是	熏蒸剂
4	四聚乙醛	21.1		Ⅱ	中毒	登记		是	杀软体动物剂
5	威百亩[e]	5.8		Ⅱ	中毒	登记		是	熏蒸剂
6	溴甲烷	32.9	MRL	FM	高毒	登记			熏蒸剂
7	增效醚	76.9	MRL	U	低毒	登记			杀虫剂增效剂，H

[a] 国家估计每日摄入量（NEDI）占每日允许摄入量（ADI）的百分率，NEDI 一般应用残留中值来计算，但很多农药因缺少系统的残留试验，部分或全部农产品的残留会用 MRL 值来替代，导致摄入估计偏高。

[b] MRL：已有 JMPR 推荐的 MRL 值被 CAC 采纳；W：CAC 原有的 MRL 值已被全面撤销。

[c] WHO 按照农药的急性毒性，分为淘汰类（O）、极危险性类（Ⅰa）、高危险性类（Ⅰb）、中危险性类（Ⅱ）、轻危险性类（Ⅲ）、通常不可能有急性危险类（U）和熏蒸剂类（FM）。

[d] H＝因用 MRL 代替残留中值，导致残留的膳食摄入风险高估；R＝日本、澳大利亚、加拿大或欧盟国家中至少有 2 个国家登记使用。

[e] 棉隆和威百亩的残留物均为异硫氰酸甲酯（methyl isothiocyanate），在欧盟相关法规中 2 种熏蒸剂合并评估并设立同一个限量。

② 国家估计每日摄入量的评估方法。主要是参照 JMPR（FAO/WHO 农药残留专家委员会）的《Submission and evaluation of pesticide residues data for the estimation of maximum residue levels in food and feed》和农业部农药检定所的《农产品及食品中农药残留风险评估应用指南》进行评估，只是评估中把国家估计每日摄入量（NEDI）不超过 ADI 的 20%（相当于安全系数提高了 5 倍）作为筛选条件。评估的主要技术要点如下：

确定规范残留试验中值和最高残留值：按照《农药登记资料规定》和《农药残留试验准则》（NY/T 788）要求，在良好农业规范（GAP）条件下进行规范残留试验（主要收集农药登记残留试验资料和文献报道的残留研究数据），根据多点的残留试验结果，确定规范残留试验中值（Supervised Trials Median Residue，STMR）和最高残留值（Highest Residue，HR）。

确定每日允许摄入量：由动物慢性毒性试验得到农药最大无作用剂量

 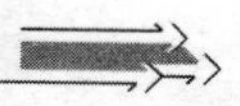

(No Observed Adverse Effect Level，NOAEL)，考虑到人类与供试动物对药物敏感度的差异以及人类个体差异，国际上一般采用100倍的安全系数。由于绿色食品对安全有更高的要求，再额外增加5倍的安全系数，即总共500倍（100×5）的安全系数。本次评估中每日允许摄入量（ADI）直接采用JMPR、我国（参考GB 2763）、美国、欧盟和澳大利亚官方数据，则按照国家估算每日摄入量不超过ADI的20%为界线，作为清单入选的条件。

计算国家估算每日摄入量：根据规范残留试验中值（STMR/STMR-P）或最大残留限量（MRL）计算某种农药国家估算每日摄入量（NEDI），计算公式如下：

$$\text{NEDI} = \sum [\text{STMR}_i\ (\text{STMR-P}_i) \times F_i]$$

式中：

$STMR_i$——农药在某一食品中的规范残留试验中值；

$STMR\text{-}P_i$——用加工因子校正的规范残留试验中值；

F_i——一般人群某一食品的消费量，按照2002年卫生部中国居民营养与健康状况调查数据。

计算NEDI时，如果没有合适的STMR或STMR-P，可以使用相应的MRL，但可能会导致风险高估。

膳食摄入评价：根据国家估算每日摄入量（NEDI）与每日允许摄入量（ADI）的比较，评估实际上通过膳食摄入残留农药所带来的风险。当NEDI低于ADI的20%时，判定为符合绿色食品要求。

③ 允许使用农药清单及其与旧版标准的比较。

允许使用农药清单概况：A级绿色食品生产应按照标准附录A的规定，优先从表A.1中选用农药。在表A.1所列农药不能满足有害生物防治需要时，还可适量使用A.2中所列的有机合成农药，但使用应符合农药产品标签或GB/T 8321的规定。A.2中所列的A级绿色食品允许使用的有机合成农药清单共包括从我国登记使用的农药中筛选出的130种农药，其中包括杀虫剂28种、杀螨剂8种、杀软体动物剂1种、杀菌剂40种、熏蒸剂2种、除草剂44种、植物生长调节剂7种。

与旧版标准允许使用农药的比较：新版的《绿色食品 农药使用准则》开始实施后，有些人感觉可使用的有机合成农药比旧版标准（NY/T 393—2000）少，这主要是由于旧版标准一直没有严格执行带来的错觉。

旧版标准第5.2.2.3条规定："可以有限度地使用部分有机合成农药，并按GB 4285，GB 8321.1，GB 8321.2，GB 8321.3，GB 8321.4，GB/T

8321.5 的要求执行。此外，还需严格执行以下规定：（1）应选用上述标准中列出的低毒农药和中等毒性农药；（2）严禁使用剧毒、高毒、高残留或具有三致毒性（致癌、致畸、致突变）的农药（见附录A）。”

GB 4285，GB 8321.1，GB 8321.2，GB 8321.3，GB 8321.4，GB/T 8321.5 共有 434 条农药使用规范，除去非有机合成农药和旧版标准附录A中的禁用农药和其他高毒农药，剩下的 288 条是绿色食品生产中适用的有机合成农药使用规范。这 288 条使用规范涉及 120 多种农药和 33 种作物，包括茶树（茶叶）、大葱、大豆、豆菜、番茄、甘蓝、甘蔗、柑橘、高粱、花生、黄瓜、韭菜、辣椒、梨、萝卜、棉花、蘑菇、苹果、葡萄、山楂、水稻、桃、甜菜、甜瓜、西瓜、香蕉、小麦、亚麻、烟草、洋葱、叶菜、油菜、玉米。其中水稻上的使用规范最多，涉及 40 多种农药；茶树、大豆、柑橘、棉花、苹果、小麦等大宗作物也相对较多，分别涉及 20 多种农药；而大葱、豆菜、高粱、韭菜、辣椒、萝卜、山楂、桃、甜瓜、亚麻、洋葱等作物上只有 1～3 种农药。

在旧版标准实施后的 10 多年中，执行的相关比较好的是附录 A 的禁用规定，而正文第 5.2.2.3 条规定则很少执行。如严格按照这条规定执行，除水稻、小麦、棉花、柑橘、苹果、茶树、大豆等少数大宗作物之外，可用的有机合成农药很少，上述列出的 33 种作物之外的其他作物，就完全没有有机合成农药可用。

（6）允许使用清单的第一次修改

2015 年对“绿色食品生产允许使用的农药和其他植保产品清单（附录 A）”进行了第一次修改，现已进入报批程序。本次修改列入清单农药的筛选原则和方法同前，根据评估结果，拟从清单中删除 6 种农药，增加 18 种农药，具体修改内容及其主要理由如表 2-14 所示。

表 2-14 允许使用清单第一次修改的内容及其主要理由

序号	条款号	修改内容	主要理由
1	A.1 表 A.1 中的Ⅱ	删除（硫酸）链霉素	人畜共用
2	A.1 表 A.1 中的Ⅲ	增加烯腺嘌呤	生物化学产物，低毒
3	A.1 表 A.1 中的Ⅳ	“铜盐（如波尔多液、氢氧化铜等）”修改为“波尔多液、氢氧化铜”	避免产生歧义

（续）

序号	条款号	修改内容	主要理由
4	A.1 表 A.1 中的 V	增加松脂酸钠	天然化合物，低毒
5	A.2 中的 a)	删除 S-氰戊菊酯	为避免出口受阻等，我国在茶叶上已禁用，清单中的其他菊酯类农药可替代其功能
6	A.2 中的 a)	删除丙溴磷	对鱼类、鸟类等高毒
7	A.2 中的 a)	删除毒死蜱	蔬菜等残留大，农业部第 2032 号公告，将禁止在蔬菜上使用
8	A.2 中的 a)	删除氯氰菊酯	已有高效氯氰菊酯，有更好的特定异构体产品时，不同混合产品
9	A.2 中的 a)	增加虫螨腈	符合筛选条件
10	A.2 中的 a)	增加氟苯虫酰胺	符合筛选条件
11	A.2 中的 a)	增加醚菊酯	符合筛选条件
12	A.2 中的 a)	增加杀虫双	我国创制农药，多年使用安全性好，风险低，防治蔗螟等有特效
13	A.2 中的 a)	增加乙虫腈	符合筛选条件
14	A.2 中的 d)	增加稻瘟灵	发达国家仅见日本登记，其他符合筛选条件，但该药对防治稻瘟病有特效，欧美非水稻主产区
15	A.2 中的 d)	增加氟吡菌酰胺	符合筛选条件
16	A.2 中的 d)	增加氟酰胺	符合筛选条件
17	A.2 中的 d)	增加喹啉铜	符合筛选条件
18	A.2 中的 d)	增加噻呋酰胺	发达国家仅见日本登记，其他符合筛选条件，但该药主要用于水稻，欧美非水稻主产区
19	A.2 中的 d)	增加三环唑	发达国家仅见日本登记，其他符合筛选条件，但该药对防治稻瘟病有特效，欧美非水稻主产区
20	A.2 中的 d)	增加溴菌腈	符合筛选条件

（续）

序号	条款号	修改内容	主要理由
21	A.2 中的 f)	增加丙炔噁草酮	符合筛选条件
22	A.2 中的 f)	增加敌稗	符合筛选条件
23	A.2 中的 f)	将“异丙甲草胺”修改为“精异丙甲草胺”	符合筛选条件，有更好的特定异构体产品时，不同混合产品
24	A.2 中的 g)	增加 1-甲基环丙烯	基本无残留，美国等已列入豁免清单，果蔬采后保鲜有其不可替代性

2.7 农药使用规范

【标准原文】

6.1 应在主要防治对象的防治适期，根据有害生物的发生特点和农药特性，选择适当的施药方式，但不宜采用喷粉等风险较大的施药方式。

6.2 应按照农药产品标签或 GB/T 8321 和 GB 12475 的规定使用农药，控制施药剂量（或浓度）、施药次数和安全间隔期。

【内容解读】

（1）掌握防治适期

在不同的时间使用农药对病虫草害的防治效果，对作物及其周围环境的影响都会有非常显著的差异。选择一个最适的用药时间对于提高防效，减少不利影响是非常重要的。杀虫杀螨剂对害虫（或害螨）的作用有毒杀、驱避、拒食、引诱和干扰生长发育等，毒杀作用的方式又有胃毒、触杀和熏蒸等。通常，毒杀作用的杀虫剂以对幼（若）虫的初龄期最为有效，性引诱剂作用于性成熟的成虫，拒食作用的杀虫剂作用于害虫的主要取食阶段，驱避作用的杀虫剂作用于害虫的主要取食和产卵期。杀菌剂对病虫害的防治作用有保护作用和治疗作用，大多数的杀菌剂都以保护作用为主，只有在病菌侵入作物组织之前施药才会起到良好的防治效果。因此，杀菌剂一般要在发病初期或将要发病时施用。如果作物不同生育期的感病性有显著差异，也可在感病生育期开始到来时施药，如水稻破口至齐穗是穗瘟预防的关键时期，柑橘花谢 2/3 左右时是防治疮痂病的最适时

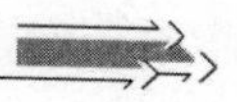

间。除草剂也要根据药剂本身的性质（如是选择性的还是灭生性的，是茎叶处理剂还是土壤处理剂等）、作物种类及其生育期（是否对拟用除草剂敏感）和主要杂草的生育期（对拟用除草剂的敏感性）确定对杂草效果好，对作物安全的施药适期。

（2）选择施药方式

农药的施用方法应根据病虫草害的危害方式、发生部位和农药的特性来选择。如在作物地上部表面危害的，一般可采用喷雾等方法，对土壤传播的病虫害，可采用土壤处理的方法，对通过种苗传播的病虫害，可采用种苗处理的方法，一些内吸性好的药剂在用于防治果树等木本植物病虫害时可采用注射或包扎的方法等。

（3）严控施药剂量（或浓度）

农药要有一定的用量（或浓度）才会有满意的效果，但并不是用量越大越好。第一，达到一定用量后，再增加用量，不会再明显提高防效；第二，留有少量的害虫对天敌种群的繁衍有利；第三，绝大多数杀虫剂对害虫天敌有一定杀伤力，浓度越高，杀伤力越大；第四，农药用量增加必然会增加农产品中的农药残留量。同一种农药，其适宜用量可因不同的防治对象而有不同，如矿物油防治柑橘红蜘蛛用200倍即可达到很好的效果，而防治介壳虫则要用100～150倍。对同一个防治对象，在不同的季节或不同的发育阶段，农药的适宜用量也可能不同。通常应在农药合理使用准则和农药登记资料规定的用量（或浓度）范围内，根据当地的使用经验掌握。

（4）力控施药次数

2000年版标准规定“每种有机合成农药在一种作物的生长期内只允许使用一次”。调研发现在绿色食品生产实践中普遍反映“只允许使用一次”的规定难以执行；对于部分病虫害（如柑橘黑点病、草莓灰霉病等），长期的植保实践和理论分析也确实需要连续用药；农药残留的膳食暴露评估已经考虑到了常规生产合理使用规范中最多使用次数下的残留。本次修订在确保允许使用农药具备低风险特性的情况下，考虑到部分病虫害防治的特殊需要，修改“一种作物的生长期内只允许使用一次”的规定，改为“应按照农药产品标签（图2-2）或GB/T 8321（表2-15）和GB 12475的规定使用农药，控制施药剂量（或浓度）、施药次数和安全间隔期”。尽管如此，绿色食品生产者还是要根据前述的用药必要性和交替使用原则，尽量减少施药次数，力控多次使用同种农药。

莱喜/陶氏益农/
DowAgroSciences

农药登记证号：PD20060005
农药生产许可证(或生产批准文件)号：
产品标准号：

多杀霉素

有效成分含量：25克/升

剂型：悬浮剂

使用技术和使用方法：

作物(或范围)	防治对象	制剂用药量	使用方法
甘蓝	小菜蛾	33～66 mL/亩	喷雾
茄子	蓟马	67～100 mL/亩	喷雾

(注：(1)公顷用制剂量＝亩用制剂量×15
(2)总有效成分量浓度值(毫克/千克)＝(制剂含量×1 000 000)÷制剂稀释倍数)

1.防治蓟马宜于发生初期开始施药，隔5～7天施药1次，共2～3次；防治小菜蛾应在低龄幼虫期施药1～2次，间隔5～7天。本品无内吸性，喷雾时应均匀周到，叶面、叶背及心叶均需着药。药剂易粘附在包装袋或瓶壁上，请用水将其洗下再进行二次稀释。2.大风天或预计1小时内降雨，请勿施药。

生产企业名称：美国陶氏益农公司
地址：北京市东城区东长安街1号东方广场W3办公楼1103室
邮编：100738 电话：010-85279199 传真：010-85279299
网址：http://www.dowagro.com.cn

产品性能(用途)：
本产品来源于放线菌的生物源农药，作用于昆虫的神经系统。用于甘蓝上防治小菜蛾和茄子上防治蓟马。

注意事项：
1.产品在茄子作物上使用的推荐安全间隔期为3 d，每个作物周期的最多使用次数为1次。2.产品在甘蓝作物上使用的推荐安全间隔期为1 d，每个作物周期的最多使用次数为4次。3.使用本品时应穿戴适当的防护服及用具(见图形标识)，避免吸入药液。施药期间不可吃东西和饮水。施药后应及时洗手和洗脸。4.本品直接喷射蜜蜂高毒，开花植物花期禁用并注意对周围蜂群的影响，蚕室和桑园附近禁用。避免污染水塘等水体，不要在水体中清洗施药器具。5.请严格按照标签说明使用。如需业务和技术上的支持，请即与本公司客户服务中心联系。如果您要将本产品用于出口农产品，请参照相应进口国的相关标准使用。6.建议与其他作用机制不同的杀虫剂轮换使用。7.用过的容器应妥善处理，不可做他用，也不可随意丢弃。

中毒急救：
1.可能中毒症状：动物实验表明可能造成轻度眼睛刺激。2.眼睛溅入：立刻用大量清水冲洗。3.误食：不要自行引吐，携此标签送医诊治。切勿给神志不清者喂食任何东西。4.皮肤粘附：立即用大量清水和肥皂冲洗皮肤。5.误吸：转移至空气清新处。症状持续请就医。6.给医护人员的提示：无特殊解毒剂。按症状进行治疗。如遇到与本公司产品有关的紧急情况，请立即拨打24小时热线电话寻求援助：(010) 64620490。

储存和运输：
1.本品应密封贮存在干燥、阴凉、通风、防雨处，远离火源或热源。2.存放于儿童触及不到之处，并加锁。3.勿与食品、饮料、粮食、饲料等其他商品同贮同运。贮存或运输时堆层不得超过规定，注意轻拿轻放，以免损坏包装，导致产品泄漏。

其他说明：
原产地：印度尼西亚；客户服务热线：400-880-5588；国内办事机构：陶氏益农中国有限公司北京代表处；美国陶氏益农公司球形图形商标(商标应统一放在边或角位置)

净含量(重量)：毫升(克) 生产日期： 年 月 日 批号：有效期：2年

杀虫剂

图2-2 农业部批准的农药标签图例

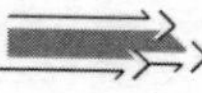

(5) 避免非必需混用

近 20 多年来，随着劳动力价格的提高，农药的相对成本下降，一次施药混用多种农药的现象很多，这是当前农药滥用的一种主要表现形式，是造成多种农药同时残留的主要原因。绿色食品生产者应从绿色食品的安全环保理念出发，避免非必需的农药混用，克服这种滥用现象。

(6) 确保安全间隔期

安全间隔期是指最后一次施药距采收时允许的间隔天数。执行安全间隔期是控制农产品农药残留，避免残留超标的重要措施。对于绿色食品的残留限量值与《食品安全国家标准 食品中农药最大残留限量》(GB 2763) 一致的农药，安全间隔期可参照《农药合理使用准则》(GB/T 8321) 或农药登记批准的产品标签上的规定；对于绿色食品残留限量严于食品安全国家标准的农药，可参照相应绿色食品的生产技术规程或根据该农药在作物中的半衰期调整安全间隔期。

(7) 农药合理使用准则国家标准概况

《农药合理使用准则》的系列国家标准已颁布了 9 个部分，分别是 GB/T 8321.1—2000 农药合理使用准则（一）、GB/T 8321.2—2000 农药合理使用准则（二）、GB/T 8321.3—2000 农药合理使用准则（三）、GB/T 8321.4—2006 农药合理使用准则（四）、GB/T 8321.5—2006 农药合理使用准则（五）、GB/T 8321.6—2000 农药合理使用准则（六）、GB/T 8321.7—2002 农药合理使用准则（七）、GB/T 8321.8—2007 农药合理使用准则（八）、GB/T 8321.9—2009 农药合理使用准则（九）。第十部分已经制定完成并通过审定，正在报批过程中。已经颁布的 9 个部分共有 535 项合理使用标准，涉及 230 多种农药和 33 种作物，包括菠萝、草莓、茶树、大豆、番茄、甘蓝、甘蔗、柑橘、花生、黄瓜、豇豆、节瓜、梨、荔枝、芦笋、马铃薯、芒果、棉花、蘑菇、苹果、葡萄、水稻、桃、甜菜、西瓜、香蕉、小麦、亚麻、烟草、叶菜、油菜、玉米、芝麻。其中水稻上的合理使用规范最多，共 80 项，涉及 58 种农药；其次是大豆、柑橘、棉花、苹果、小麦等大宗作物也相对较多，分别有 30～60 项合理使用规范；而菠萝、草莓、豇豆、节瓜、芦笋、马铃薯、芒果、蘑菇、葡萄、桃、西瓜、亚麻、芝麻分别只有 1～3 项合理使用规范。每项合理使用规范包括农药通用名、剂型及含量、适用作物、防治对象、使用剂量或浓度、施药方法、最多使用次数、安全间隔期和实施要点说明等（表 2-15）。

表 2-15 农药合理使用准则（GB/T 8321.1～GB/T 8321.9）

适用作物	防治对象	农药通用名	剂型及含量	每亩次制剂施用量或稀释倍数（有效成分浓度）	施药方法	最多使用次数	安全间隔期（d）	实施要点说明	备注
菠萝	一年生单、双子叶杂草	莠灭净	80%可湿性粉剂	120～150 g	喷雾	1	—	覆土后（或新抑制苗地）杂草萌发前施药	9
草莓	线虫	溴甲烷*	98%熏蒸剂	51～82 g/m^2	熏蒸	1	120	土壤熏蒸	9
茶树	茶尺蠖	硫丹*	35%乳油	750～1 000 倍液（350～467 mg/L）	喷雾	1	7		6
茶树	茶尺蠖、茶毛虫、茶小绿、叶蝉、黑刺粉虱、象甲虫	联苯菊酯	10%乳油	4 000～6 000 倍液（16.7～25 mg/L）	喷雾	1	7	防象甲虫用高剂量	2
茶树	茶尺蠖、茶毛虫、茶小绿、叶蝉、介壳虫等	溴氰菊酯*	2.5%乳油	800～1 500 倍液（20～31 mg/L）	喷雾	1	5		1
茶树	茶尺蠖、茶毛虫、丽绿刺蛾、黑刺粉虱等	氰戊菊酯*	20%乳油	8 000～10 000 倍液（20～25 mg/L）	喷雾	1	10		1
茶树	茶尺蠖、茶毛虫、小绿叶蝉等	氯氰菊酯	10%乳油	2 000～3 700 倍液（27～50 mg/L）	喷雾	1	7		2
茶树	茶尺蠖、茶小绿、叶蝉等	氯氟氰菊酯	2.5%乳油	2 000～4 000 倍液（25～50 mg/L）	喷雾	3	7		3
茶树	茶尺蠖、叶蝉、茶小绿等	S-氰戊菊酯**	5%乳油	8 000～10 000 倍液（5～6.25 mg/L）	喷雾	1	7		3

（续）

适用作物	防治对象	农药通用名	剂型及含量	每亩次制剂施用量或稀释倍数（有效成分浓度）	施药方法	最多使用次数	安全间隔期（d）	实施要点说明	备注
茶树	茶尺蠖、叶蝉、介壳虫等	喹硫磷*	25%乳油	1 500～2 500 倍液（100～167 mg/L）	喷雾	1	14		1
茶树	茶尺蠖、叶蝉等	顺式氯氰菊酯	5%乳油	1 000～5 000 倍液（8.3～12.5 mg/L）	喷雾	1	7		2
茶树	茶小绿、叶蝉等	杀螟丹*	50%可溶性粉剂	750～1 000 倍液（500～667 mg/L）	喷雾	2	7		3
茶树	茶小绿叶蝉	灭多威*	24%水溶性液剂	800～1 000 倍液（240～300 mg/L）	喷雾	1	7		6
茶树	茶小绿叶蝉	杀螟丹*	98%原粉	1 500～2 000 倍液（490～653 mg/L）	喷雾	2	7		3
茶树	螨类	哒螨灵*	15%乳油	2 000～4 000 倍液（37.5～75 mg/L）	喷雾	1	5		6
茶树	小绿叶蝉	硫丹*	35%乳油	1 000～1 400 倍液（250～350 mg/L）	喷雾	1	7		6
茶树	小绿叶蝉、黑刺粉虱	噻嗪酮	25%可湿性粉剂	1 000～1 500 倍液（166.7～250 mg/L）	喷雾	1	10		6
茶叶	茶尺蠖、茶毛虫、茶小绿、叶蝉	甲氰菊酯	20%乳油	8 000～10 000 倍液（20～25 mg/L）	喷雾	1	7	不能与碱性物质混用	4

（续）

适用作物	防治对象	农药通用名	剂型及含量	每亩次制剂施用量或稀释倍数（有效成分浓度）	施药方法	最多使用次数	安全间隔期（d）	实施要点说明	备注
茶叶	茶尺蠖	除虫脲	20%悬浮剂	1 600～2 500 倍液（80～125 mg/L）	喷雾	1	7		5
茶叶	茶毛虫	除虫脲	20%悬浮剂	2 500～3 200 倍液（63～80 mg/L）	喷雾	1	7		5
茶叶	短须螨	氟丙菊酯*	2%乳油	2 000～4 000 倍液（5～10 mg/L）	喷雾	1	7		8
茶叶	小绿叶蝉	氟丙菊酯*	2%乳油	1 333～2 000 倍液（10～15 mg/L）	喷雾	1	7		8
茶叶	一年生、多年生杂草	草甘膦异丙胺盐*	41%水剂	150～400 mL	喷雾	2	3	杂草生长盛期施药	9
大豆	大豆蚜、大豆食心虫	S-氰戊菊酯**	5%乳油	10～20 mL	喷雾	2	10		4
大豆	豆荚螟	氰戊菊酯*	20%乳油	20～40 mL	喷雾	1	10		4
大豆	阔叶杂草	氟磺草胺*	80%水分散粒剂	56～75 g	喷雾	1		播后苗前喷施	7
大豆	阔叶杂草	氟烯草酸*	10%乳油	30～45 mL（3～4.5 g）	喷雾	1		大豆苗期喷施	6
大豆	阔叶杂草	氯嘧磺隆*	25%干悬浮剂 25%可湿性粉剂	4～6 g（1～1.5 g）	喷雾	1		播后苗前土壤喷施	6

（续）

适用作物	防治对象	农药通用名	剂型及含量	每亩次制剂施用量或稀释倍数（有效成分浓度）	施药方法	最多使用次数	安全间隔期（d）	实施要点说明	备注
大豆	阔叶杂草	灭草松	48%液剂	104～208 mL（50～100 g）	喷雾	1		大豆2～3片复叶时施	2
大豆	阔叶杂草	乳氟禾草灵	24%乳油	25～40 mL（6～9.6 g）	喷雾	1		北方用30～40 mL/亩，南方用25～30 mL/m²，大豆2～4叶期喷施	3
大豆	阔叶杂草	三氟羧草醚*	21.4%水剂	112～150 mL（24～32.1 g）	喷雾	1		大豆1～3片复叶、阔叶杂草出齐，5～10 cm高时施	2
大豆	阔叶杂草	三氟酸草醚*	24%水剂	60～100 mL	喷雾	1		大豆播后，杂草1～4叶期喷施	4
大豆	食心虫	氯氟氰菊酯	2.5%乳油	12～20 mL（0.3～0.5 g）	喷雾	2	30		6
大豆	食心虫	氰戊菊酯*	20%乳油	20～30 mL	喷雾	1	10		4
大豆	食心虫	溴氰菊酯*	2.5%乳油	15～25 mL	喷雾	2	7		4
大豆	蚜虫	抗蚜威	50%可湿性粉剂	10～16 g（5～8 g）	喷雾	3	10		3
大豆	蚜虫	氰戊菊酯*	20%乳油	10～20 mL	喷雾	1	10		4
大豆	一年禾本科杂草	氟吡乙禾灵*	12.5%乳油	64～80 mL（8～10 g）	喷雾	1		作物苗期，杂草3～5叶期喷施	3

（续）

适用作物	防治对象	农药通用名	剂型及含量	每亩次制剂施用量或稀释倍数（有效成分浓度）	施药方法	最多使用次数	安全间隔期（d）	实施要点说明	备注
大豆	一年禾本科杂草	异恶草松*	48%乳油	140～170 mL	喷雾	1		大豆播后，芽前喷施	5
大豆	一年生禾本科及部分阔叶杂草	乙草胺	90%乳油	58～72 mL（52～66 g）	喷雾	1		播后苗前喷施	6
大豆	一年生禾本科及部分阔叶杂草	异丙甲草胺**	72%乳油	100～180 mL（72～129.6 g）	土壤处理	1		芽前喷施，避免在多雨、沙性土壤和地下水位高的地区使用	3
大豆	一年生禾本科杂草	吡氟禾草灵*	35%乳油	50～100 mL（17.5～35 g）	喷雾	1		杂草 3～5 叶期施	2
大豆	一年生禾本科杂草	精吡氟禾草灵	15%乳油	50～67 mL（7.5～10.05 g）	喷雾	1		作物苗期，杂草 3～5 叶期喷施	3
大豆	一年生禾本科杂草	精吡氟乙草灵*	10.8%乳油	28～32 mL（3～3.5 g）	喷雾	1		大豆苗期喷施	6
大豆	一年生禾本科杂草	精喹禾灵	5%乳油	50～80 mL	喷雾	1		杂草 3～6 叶期喷施	5
大豆	一年生禾本科杂草	喹禾灵*	10%乳油	60～100 mL（6～10 g）	喷雾	1		大豆 1～4 叶期，杂草 3～5 叶期喷施	3
大豆	一年生禾本科杂草	烯禾啶	20%乳油	100～200 mL（20～40 g）	喷雾	1		杂草 3～5 叶期，大豆苗期喷施	1
大豆	一年生禾本科杂草	烯禾啶	12.5%机油乳剂	66～100 mL（8.25～12.5 g）	喷雾	1		杂草 3～5 叶期施	2

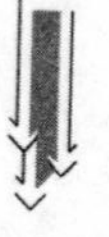

（续）

适用作物	防治对象	农药通用名	剂型及含量	每亩次制剂施用量或稀释倍数（有效成分浓度）	施药方法	最多使用次数	安全间隔期（d）	实施要点说明	备注
大豆	一年生禾本科杂草	稀草酮	24%乳油	25～50 mL	喷雾	1		大豆2～4片复叶时喷施	4
大豆	一年生禾本科杂草	灭草敌*	88.5%乳油	170～225 mL (150.45～199.13 g)	土壤处理	1		播种前土壤喷雾，耙土5～7 cm	3
大豆	一年生禾本科杂草及部分阔叶杂草	氟乐灵*	48%乳油	125～175 mL (60～81 g)	土壤处理	1		播种前施，施后耙匀	2
大豆	一年生禾本科杂草及部分阔叶杂草	异丙草胺*	72%乳油	1 500～2 000 mL	土壤喷雾	1		播后苗前土壤喷雾1次	8
大豆	一年生阔叶杂草	氟磺胺草醚*	25%水剂	66.8～133.2 mL (16.7～33.3 g)	喷雾	1		作物苗期杂草2～3叶期喷施	3
大豆	一年生阔叶杂草	嗪草酮*	70%可湿性粉剂	32.8～75.7 g (22.96～53 g)	土壤处理	1		施时避开雨天，施后避免灌水	3
大豆	一年生阔叶杂草及部分禾本科杂草	丙炔氟草胺	5%可湿性粉剂	8～12 g (4～6 g)	喷雾	1		大豆苗期喷施	6
大豆	一年生杂草	甲草胺	48%乳油	300～467 mL (144～224.16 g)	土壤喷雾	1		芽前土壤处理，避免在多雨、沙性土壤和地下水位高的地区使用，有机质含量高的地块用高剂量	1

（续）

适用作物	防治对象	农药通用名	剂型及含量	每亩次制剂施用量或稀释倍数（有效成分浓度）	施药方法	最多使用次数	安全间隔期（d）	实施要点说明	备注
大豆	一年生杂草	甲氧咪草烟*	4%水剂	1 125～1 250 mL	茎叶喷雾	1		于杂草 2～4 叶期，茎叶喷雾 1 次	8
大豆	一年生杂草	咪唑乙烟酸*	5%水剂	100～134 mL	土壤处理	1		大豆苗前土壤喷雾．后茬避免种植对咪唑乙烟酸敏感作物	5
番茄	白粉虱	吡虫啉	20%浓可溶剂	225～450 mL	喷雾	2	3		8
番茄	白粉虱等	联苯菊酯	10%乳油	5～10 mL（0.5～1 g）	喷雾	3	4	大棚	3
番茄	红蜘蛛	苯丁锡	50%可湿性粉剂	20～40 mL（10～20 g）	喷雾	2	7		3
番茄	灰霉病、早疫病	异菌脲	50%悬浮剂	50～100 g	喷雾	3	7	—	9
番茄	调节作物生长	复硝酚钠*	1.8%水剂	6 000～8 000 倍液（2.3～3.0 mg/L）	喷雾	2	7		4
番茄	蚜虫、棉铃虫等	氯氰菊酯**	10%乳油	25～35 mL（2.5～3.5 g）	喷雾	2	1		1
番茄	叶霉病	春雷霉素	2%水剂	140～175 mL	喷雾	3	4	—	9
番茄	早疫病	代森锰锌	80%可湿性粉剂	167 g（133.3 g）	喷雾	3	15		6
番茄	早疫病	氢氧化铜	77%可湿性粉剂	134～200 g	喷雾	3	3		5
番茄	早疫病	百菌清*	40%悬浮剂	150～175 mL	喷雾	3	3	—	9

（续）

适用作物	防治对象	农药通用名	剂型及含量	每亩次制剂施用量或稀释倍数（有效成分浓度）	施药方法	最多使用次数	安全间隔期（d）	实施要点说明	备注
番茄	早疫病、晚疫病、霜霉病	丙森锌*	70%可湿性粉剂	125～214 g	喷雾	3	7	—	9
番茄	早疫病等	百菌清*	75%可湿性粉剂	145～270 g（108.75～208.25 g）	喷雾	3	7		2
番茄（保护地）	白粉虱	吡虫啉	20%浓可溶性液剂	15～20 mL	喷雾	2	7	—	9
甘蓝	菜青虫	除虫脲	25%可湿性粉剂	756～944 g	喷雾	3	7		8
甘蓝	菜青虫	氟氯氰菊酯*	5.7%乳油	350～440 mL	喷雾	2	7		7
甘蓝	菜青虫	高效氯氰菊酯	10%乳油	75～150ml	喷雾	3	3		8
甘蓝	菜青虫	醚菊酯***	10%悬浮剂	30～40 mL	喷雾	3	7		4
甘蓝	菜青虫	灭多威*	24%水溶性液剂	80～100 mL	喷雾	2	7	吸入毒性高，预防中毒	4
甘蓝	菜青虫	灭多威*	90%可湿性粉剂	15～20 g	喷雾	1	7	吸入毒性高，预防中毒	5
甘蓝	菜青虫	甲基毒死蜱*	40%乳油	60～80 mL	喷雾	3	7	—	9

（续）

适用作物	防治对象	农药通用名	剂型及含量	每亩次制剂施用量或稀释倍数（有效成分浓度）	施药方法	最多使用次数	安全间隔期（d）	实施要点说明	备注
甘蓝	菜青虫	溴氰菊酯*	25%水分散片剂	3～4 g	喷雾	2	3	—	9
甘蓝	菜青虫、小菜蛾	氟定脲*	5%乳油	40～80 mL	喷雾	3	7		4
甘蓝	菜青虫、蚜虫	高效氟氯氰菊酯*	2.5%乳油	400～500 mL	喷雾	2	7		7
甘蓝	菜蚜	吡虫啉	20%浓可溶剂	75～150 mL	喷雾	2	7		8
甘蓝	小菜蛾	虫螨腈***	10%悬浮剂	500～750 ml	喷雾	2	14		8
甘蓝	小菜蛾	多杀菌素	2.5%悬浮剂	500～1 000 mL	喷雾	3	3		8
甘蓝	小菜蛾	氟虫腈*	5%悬浮剂	250～500 mL	喷雾	3	3		7
甘蓝	蚜虫	丁硫克百威*	20%乳油	281～562 mL	喷雾	2	7		7
甘蓝	杂草	二甲戊灵	33%乳油	100～150 mL	喷雾	1	—	于甘蓝移栽前土壤喷雾	9
甘蔗	线虫	硫线磷*	10%颗粒剂	2 000～4 000 g	沟施	1		苗期施毒土	4
甘蔗	一年生禾本科杂草、部分阔叶杂草	莠灭净	80%可湿性粉剂	1 950～3 000 g	喷施	1		苗期喷施	7
甘蔗	一年生杂草	异丙甲草胺**	72%乳油	100～150 mL	喷雾	1		甘蔗苗前喷施	5
甘蔗	一年生杂草	异噁草酮*	48%乳油	1 656～2 094 mL	喷雾	1		芽前喷雾	8
甘蔗	蔗龟	地虫硫磷*	5%颗粒剂	4 000～6 000 g	沟施			甘蔗苗期沟	4

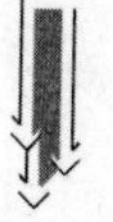

（续）

适用作物	防治对象	农药通用名	剂型及含量	每亩次制剂施用量或稀释倍数（有效成分浓度）	施药方法	最多使用次数	安全间隔期（d）	实施要点说明	备注
甘蔗	蔗龟	甲拌磷*	3%颗粒剂	5 000 g	沟施	1	210	高毒，注意安全	5
甘蔗	蔗龟	丁硫克百威*	5%颗粒剂	3 000～5 000 g	沟施	1	192		9
甘蔗	蔗龟、蔗螟	氯唑磷*	3%颗粒剂	2 000～3 000 g	沟施	1	60		5
甘蔗	蔗螟	甲拌磷*	3%颗粒剂	5 000～6 667 g	沟施	1	210	高毒，注意安全	5
甘蔗	蔗螟、金针虫、棉蚜、蓟马、线虫	克百威*	3%颗粒剂	3 000～5 000 g	沟施	1		甘蔗苗期沟	4
柑橘	储存期病害	双胍辛胺乙酸*	40%可湿性粉剂	1 000～2 000 倍液（200～400 mg/L）	浸果	1	60（处理后距上市时间）	浸 1 min 取出	7
柑橘	疮痂病	亚胺唑*	5%可湿性粉剂	600～900 倍数（55～83 mg/L）	喷雾	2	14	—	9
柑橘	柑橘蚜虫	灭多威*	24%水溶性剂	1 000～2 000 倍液（120～240 mg/L）	喷雾	3	15	吸入毒性高，预防中毒	5
柑橘	根结线虫	①辛硫磷＋②甲拌磷*	10%粉粒剂：①6%；②4%	4 000～5 000 g	沟施	1	120	于柑橘树周围沟施	5
柑橘	根结线虫	硫线磷*	10%颗粒	4 000～6 000 g	沟施	2	120	于树根周围根施（冬前冬后各1次）	5

（续）

适用作物	防治对象	农药通用名	剂型及含量	每亩次制剂施用量或稀释倍数（有效成分浓度）	施药方法	最多使用次数	安全间隔期（d）	实施要点说明	备注
柑橘	褐圆蚧、红蜡蚧	杀扑磷*	40%乳油	670～1 000 倍液（400～600 mg/L）	喷雾	1	30	不能与碱性农药混用，预防中毒	4
柑橘	红蜘蛛	苯螨特*	10%乳油	1 500～2 000 倍液（50～66.7 mg/L）	喷雾	2	21		5
柑橘	红蜘蛛	吡螨胺*	10%可湿性粉剂	2 000～3 000 倍液（33～50 mg/L）	喷雾	2	14		5
柑橘	红蜘蛛	甲氰菊酯	20%乳油	2 000～3 000 倍液（67～100 mg/L）	喷雾	3	30	不能与碱性物质混用	4
柑橘	红蜘蛛	噻螨酮	5%可湿性粉剂	2 000 倍液（25 mg/L）	喷雾	2	30		4
柑橘	红蜘蛛	三唑锡*	25%可湿性粉剂	1 500～2 000 倍液（125～166.7 mg/L）	喷雾	2	30		5
柑橘	红蜘蛛	三唑锡*	20%悬浮剂	1 000～2 000 倍液（100～200 mg/L）	喷雾	2	30		5
柑橘	红蜘蛛	唑螨酯	5%悬浮剂	1 000～2 000 倍液（25～50 mg/L）	喷雾	2	15		5
柑橘	红蜘蛛	苄螨醚*	5%乳油	1 000～2 000 倍液（25～50 mg/L）	喷雾	2	21		8

（续）

适用作物	防治对象	农药通用名	剂型及含量	每亩次制剂施用量或稀释倍数（有效成分浓度）	施药方法	最多使用次数	安全间隔期（d）	实施要点说明	备注
柑橘	红蜘蛛	炔螨特＋唑螨酯*	13%水乳剂（炔螨特 10%＋唑螨酯 3%）	1 000～1 450 倍数（86.7～130 mg/L）	喷雾	2	14	—	9
柑橘	红蜘蛛	噻螨酮	5%乳油	2 000 倍液（25 mg/L）	喷雾	2	30		4
柑橘	红蜘蛛、锈壁虱等	苯丁锡	50%可湿性粉剂	2 000～3 000 倍液（167～250 mg/L）	喷雾	2	21		3
柑橘	红蜘蛛锈壁虱、矢尖蚧	毒死蜱**	48%乳油	1 000～2 000 倍液（240～480 mg/L）	喷雾	1	28		6
柑橘	溃疡病	①春雷霉素＋②氧氯化铜*	50%可湿性粉剂：①5%；②45%	500～800 倍液（626～1 000 mg/L）	喷雾	5	21		4
柑橘	溃疡病	氢氧化铜	77%可湿性粉剂	400～600 倍液（1 283～1 295 mg/L）	喷雾	5	30		5
柑橘	螨、锈壁虱、潜叶蛾	水胺硫磷*	40%乳油	1 000～1 300 倍液（308～400 mg/L）	喷雾	3	14	不可与碱性农药混用	4
柑橘	螨类	炔螨特*	73%乳油	2 000～3 000 倍液（243～365 mg/L）	喷雾	3	30		2

（续）

适用作物	防治对象	农药通用名	剂型及含量	每亩次制剂施用量或稀释倍数（有效成分浓度）	施药方法	最多使用次数	安全间隔期（d）	实施要点说明	备注
柑橘	螨类	溴螨酯*	50%乳油	1 500～3 000 倍液（166.7～333.3 mg/L）	喷雾	3	14		2
柑橘	螨类、介壳虫	双甲脒*	20%乳油	1 000～1 500 倍液（133～200 mg/L）	喷雾	春梢 3 次 夏梢 2 次	21		1
柑橘	螨类、潜叶蛾、介壳虫等	氯氟氰菊酯	2.5%乳油	4 000～6 000 倍液（4.2～6.2 mg/L）	喷雾	3	21		3
柑橘	潜叶蛾	灭多威*	90%可溶性粉剂	3 000～5 000 倍液（180～300 mg/L）	喷雾	3	15		6
柑橘	潜叶蛾	杀螟丹*	98%可溶性粉剂	1 800～2 000 倍液（500～550 mg/L）	喷雾	3	21		5
柑橘	潜叶蛾	S-氰戊菊酯**	5%乳油	7 000～8 000 倍液（6～7 mg/L）	喷雾	3	21		3
柑橘	潜叶蛾	氟虫脲	5%乳油	1 000～2 000 倍液（25～50 mg/L）	喷雾	2	30		5
柑橘	潜叶蛾	甲氰菊酯	20%乳油	8 000～10 000 倍液（20～25 mg/L）	喷雾	3	30	不能与碱性物质混用	4

（续）

适用作物	防治对象	农药通用名	剂型及含量	每亩次制剂施用量或稀释倍数（有效成分浓度）	施药方法	最多使用次数	安全间隔期（d）	实施要点说明	备注
柑橘	潜叶蛾	灭多威*	24%水溶性剂	800～1 200 倍液（200～600 mg/L）	喷雾	3	15	吸入毒性高，预防中毒	5
柑橘	潜叶蛾	氟苯脲*	5%乳油	1 000～2 000 倍液（25～50 mg/L）	喷雾	3	30	避免污染水栖生物生栖地	4
柑橘	潜叶蛾、红蜡蚧等	顺式氯氰菊酯	10%乳油	10 000～20 000 倍液（5～10 mg/L）	喷雾	3	7		2
柑橘	潜叶蛾、红蜘蛛	阿维菌素*	1.8%乳油	4 000～6 000 倍液（3～4.5 mg/L）	喷雾	2	14		6
柑橘	潜叶蛾、介壳虫等	氰戊菊酯*	20%乳油	8 000～12 500 倍液（16～25 mg/L）	喷雾	3	7		2
柑橘	潜叶蛾、锈壁虱	除虫脲	25%可湿性粉剂	2 000～4 000 倍液（62.5～125 mg/L）	喷雾	3	28		8
柑橘	潜叶蛾、蚜虫等	氯氰菊酯**	10%乳油	2 000～4 000 倍液（25～50 mg/L）	喷雾	3	7		2
柑橘	潜叶蛾、蚜虫等	溴氰菊酯*	2.5%乳油	2 500～5 000 倍液（5～10 mg/L）	喷雾	3	28		1
柑橘	青绿霉菌	抑霉唑	22.2%乳油	444～888 倍液（250～500 mg/L）	浸果	1	60（处理后距上市时间）	浸 1 min 取出	7

（续）

适用作物	防治对象	农药通用名	剂型及含量	每亩次制剂施用量或稀释倍数（有效成分浓度）	施药方法	最多使用次数	安全间隔期（d）	实施要点说明	备注
柑橘	青绿霉菌	抑霉唑	50%乳油	1 000～2 000 倍液（250～500 mg/L）	浸果	1	60（处理后距上市时间）	浸 1 min 取出	7
柑橘	全爪螨	苯硫威*	35%乳油	800～1 000 倍液（350～438 mg/L）	喷雾	2	7		5
柑橘	全爪螨	氟虫脲	5%乳油	667～1 000 倍液（50～75 mg/L）	喷雾	2	30		5
柑橘	矢尖蚧	噻嗪酮	25%可湿性粉剂	1 000～2 000 倍液（125～250 mg/L）	喷雾	2	35		5
柑橘	矢尖蚧、红蜡蚧、矢虱等	稻丰散*	50%乳油	1 000～1 500 倍液（333～500 mg/L）	喷雾	3	30		3
柑橘	炭疽病	咪鲜胺锰盐*	50%可湿性粉剂	1 000～2 000 倍液（250～500 mg/L）	采后浸果	1	15	浸果 1 min	9
柑橘	炭疽病、蒂霉病、绿霉病、青霉病	咪酰胺*	25%乳油	500～1 000 倍液（250～500 mg/L）	采后浸果	1	14	贮藏防腐	9
柑橘	锈壁虱、潜叶蛾、蚜虫	丁硫克百威*	20%乳油	1 000～2 000 倍液（100～200 mg/L）	喷雾	2	15		5
柑橘	蚜虫	啶虫脒	3%乳油	2 000～2 500 倍液（12～15 mg/L）	喷雾	1	14		7

（续）

适用作物	防治对象	农药通用名	剂型及含量	每亩次制剂施用量或稀释倍数（有效成分浓度）	施药方法	最多使用次数	安全间隔期（d）	实施要点说明	备注
柑橘	蚜虫、潜叶蛾、介壳虫等	喹硫磷*	25%乳油	1 000倍液（250 mg/L）	喷雾	3	28		1
柑橘	一年生、多年生杂草	草甘膦异丙胺盐*	74.7%水溶性粒剂	100～150 g	喷雾	2	35	于春夏季杂草生长盛期各施药1次	9
柑橘	一年生和多年生禾本科杂草及阔叶杂草	双丙氨膦*	20%可溶性粉剂	333.3～666.7 g	喷雾	2	21	柑橘地杂草生长期施药	9
柑橘	杂草	百草枯*	20%水剂	200～300 mL（40～60 g）	喷雾	3		杂草旺盛期低压喷雾，避免喷到树上	3
柑橘	贮藏病害	噻菌灵	45%悬浮剂	300～450倍液（1 000～1 500 mg/L）	浸果	1		浸1 min后取后取出贮藏	3
花生	根结线虫	灭线磷*	20%颗粒剂	1 500～1 750 g（300～350 g）	沟施	1		播种时沟施，避免与种子接触	3
花生	根结线虫、地下害虫等	涕灭威*	15%颗粒剂	1 000～1 333 g（150～200 g）	沟施	1		播种时施，避免在多雨、沙性土壤和地块	3
花生	根结线虫、地下害虫等	涕灭威*	5%颗粒剂	3 000～4 000 g（150～200 g）	沟施	1		播种时施，避免在多雨、沙性土壤和地块	3
花生	根结线虫、花生蚜	克百威*	3%颗粒剂	4 000～5 000 g	沟施或条施	1		播种时沟施或条施	4

（续）

适用作物	防治对象	农药通用名	剂型及含量	每亩次制剂施用量或稀释倍数（有效成分浓度）	施药方法	最多使用次数	安全间隔期（d）	实施要点说明	备注
花生	花生叶斑病	百菌清*	40%胶悬剂	1 125～2 250 mL	喷雾	3	30		8
花生	阔叶杂草	哒草特*	45%乳油	130～200 mL（58.5～90 g）	喷雾	1		小麦、花生4叶期，杂草2～4叶期兑水50 L喷施	3
花生	阔叶杂草	乳氟禾草灵	24%乳油	225～450 mL	喷雾	1		在花生1.5片复叶期喷雾1次	8
花生	棉铃虫	溴氰菊酯*	2.5%乳油	25～30 mL	喷雾	2	14	—	9
花生	蛴螬等	地虫硫磷*	5%颗粒剂	2 000～3 000 g（100～150 g）	沟施	1		播种时沟施	3
花生	蛴螬等	地虫硫磷*	3%颗粒剂	3 333～5 000 g（100～150 g）	沟施	1		播种时沟施	3
花生	蛴螬等地下害虫	甲基异柳磷*	40%乳油	250 mL	沟施	1		播种时沟施	4
花生	线虫	苯线磷*	10%颗粒	2 000～4 000 g（200～400 g）	条施	1		播种时条施	6
花生	蚜虫	溴氰菊酯*	2.5%乳油	20～25 mL	喷雾	2	14	—	9
花生	叶斑病	代森锰锌	80%可湿性粉剂	50～67 g	喷雾	3	7	—	9
花生	叶斑病、锈病等	百菌清*	75%可湿性粉剂	111～133 g（83.25～99.75 g）	喷雾	3	14		2

（续）

适用作物	防治对象	农药通用名	剂型及含量	每亩次制剂施用量或稀释倍数（有效成分浓度）	施药方法	最多使用次数	安全间隔期（d）	实施要点说明	备注
花生	一年禾本科杂草	氟吡乙禾灵*	12.5%乳油	64～80 mL （8～10 g）	喷雾	1		作物苗期，杂草3～5叶期喷施	3
花生	一年生禾本科及部分阔叶杂草	异丙甲草胺**	72%乳油	100～150 mL	土壤处理	1		播前或播后苗前土壤喷雾	4
花生	一年生禾本科杂草	吡氟禾草灵*	35%乳油	50～100 mL （17.5～35 g）	喷雾	1		杂草3～5叶期施	2
花生	一年生禾本科杂草	精吡氟禾草灵	15%乳油	50～67 mL （7.5～10.05 g）	喷雾	1		作物苗期，杂草3～5叶期喷施	3
花生	一年生禾本科杂草	精喹禾灵	5%乳油	50～80 mL	喷雾	1		杂草3～6叶期喷施	5
花生	一年生禾本科杂草	烯禾啶	20%乳油	70～100 mL	喷雾	1		杂草3～5叶期作物苗期喷施	4
花生	一年生禾本科杂草	烯禾啶	12.5%机油乳油	66～100 mL （8.25～12.5 g）	喷雾	1		杂草3～5叶期施	2
花生	一年生禾本科杂草	精恶唑禾草灵*	6.9%水乳剂	43～60 mL	喷雾	1	—	于禾本科杂草2～4叶期喷雾	9
花生	一年生禾本科杂草	精恶唑禾草灵*	8.05%乳油	35～52 mL	喷雾	1	—	于禾本科杂草2～4叶期施药	9

（续）

适用作物	防治对象	农药通用名	剂型及含量	每亩次制剂施用量或稀释倍数（有效成分浓度）	施药方法	最多使用次数	安全间隔期（d）	实施要点说明	备注
花生	一年生禾本科杂草部分阔叶杂草	乙草胺	90%乳油	867～1 416 g	喷施	1		播后苗前喷施	7
花生	一年生禾本科杂草和阔叶杂草及莎草	甲咪唑烟酸*	24%水剂	20～30 mL	喷雾	1	—	于花生 1.5 复叶期施药，茎叶施药	9
花生	一年生杂草	恶草酮	25%乳油	100～150 mL（25～37.5 g）	喷雾	1		苗喷施	3
花生	一年生杂草	甲草胺	48%乳油	150～250 mL（72～120 g）	土壤喷雾	1		芽前土壤处理，避免在多雨、沙性土壤和地下水位高的地区使用，有机质含量高的地块用高剂量	1
黄瓜	白粉病	氟菌唑	30%可湿性粉剂	15～20 g	喷雾	2	2		4
黄瓜	黄瓜黑星病	氟硅唑*	40%乳油	112.5～187.5 mL	喷雾	2	3		8
黄瓜	灰霉病	乙烯菌核利*	50%可湿性粉剂	75～100 g	喷雾	2	4		5
黄瓜	灰霉病	嘧霉胺	40%胶悬剂	62.5～93.8 g	喷雾	2	3	—	9
黄瓜	灰霉病、菌核病	腐霉利	50%可湿性粉剂	45～50 g	喷雾	3	1		4
黄瓜	角斑病	丁、戊、已二酸酮*	30%悬浮剂	200～233 mL（60～70 g）	喷雾	3	3		3

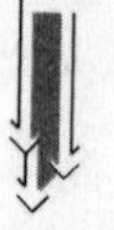

（续）

适用作物	防治对象	农药通用名	剂型及含量	每亩次制剂施用量或稀释倍数（有效成分浓度）	施药方法	最多使用次数	安全间隔期（d）	实施要点说明	备注
黄瓜	美洲斑潜蝇	阿维菌素*	1.8%乳油	900～1 200 mL	喷雾	3	2		8
黄瓜	霜霉病	恶霜灵＋代森锰锌	64%可湿性粉剂	172～203 g（110.4～130 g）	喷雾	3	3		3
黄瓜	霜霉病	甲霜灵＋代森锰锌	58%可湿性粉剂	77.6～121 g（45～70.2 g）	喷雾	3	1		2
黄瓜	霜霉病	霜脲氰＋代森锰锌	72%可湿性粉剂（霜脲氰 8%）	2 000～2 500 g	喷雾	3	2		7
黄瓜	霜霉病	百菌清*	45%烟剂	110～180 g	烟熏	4	3	适用于大棚和温室	5
黄瓜	霜霉病	丙森锌*	70%可湿性粉剂	150～214 g	喷雾	3	5	—	9
黄瓜	霜霉病	烯肟菌酯*	25%乳油	26.7～53.3 mL	喷雾	3	3	—	9
黄瓜	霜霉病	噁唑菌酮＋霜脲氰*	52.5%水分散粒剂（噁唑菌酮 22.5%＋霜脲氰 30%）	23.33～35 g	喷雾	3	3	—	9
黄瓜	炭疽病	咪鲜胺锰盐*	50%可湿性粉剂	37.5～75 g	喷雾	2	7	—	9
黄瓜	线虫	溴甲烷*	98%压缩气体	75 g/m²	土壤处理	1	54	播种前土壤处理	6

（续）

适用作物	防治对象	农药通用名	剂型及含量	每亩次制剂施用量或稀释倍数（有效成分浓度）	施药方法	最多使用次数	安全间隔期（d）	实施要点说明	备注
黄瓜	蚜虫	啶虫脒	3%乳油	2 000～2 500 倍液（12～15 mg/L）	喷雾	3	2		7
黄瓜	蚜虫	顺式氯氰菊酯	10%乳油	5～10 mL（0.5～1 g）	喷雾	3	3		3
黄瓜	蚜虫	啶虫脒	20%可溶性粉剂	12～24 g	喷雾	3	1	—	9
豇豆	美洲斑潜蝇	阿维菌素*	1.8%乳油	900～1 200 mL	喷雾	3	5		8
节瓜	蓟马	丁硫克百威*	20%乳油	62.5～125 mL（12.5～25 g）	喷雾	2	7		6
节瓜	蓟马	吡虫啉	5%乳油	1 111～1 389 倍液（36～45 mg/L）	喷雾	3	3	—	9
梨	黑星病	氟硅唑*	40%乳油	8 000～10 000 倍液（40～50 mg/L）	喷雾	2	21	发病初期喷	6
梨	黑星病	氯苯嘧啶醇*	6%可湿性粉剂	1 000～1 500 倍液（40～60 mg/L）	喷雾	3	14		4
梨	黑星病	亚胺唑*	15%可湿性粉剂	3 000～3 500 倍液（43～50 mg/L）	喷雾	3	28		6
梨	黑星病	苯醚甲环唑*	10%水分散粒剂	6 000～7 000 倍液（14.3～16.7 mg/L）	喷雾	3	14	—	9

（续）

适用作物	防治对象	农药通用名	剂型及含量	每亩次制剂施用量或稀释倍数（有效成分浓度）	施药方法	最多使用次数	安全间隔期（d）	实施要点说明	备注
梨	黑星病	腈菌唑	40%可湿性粉剂	8 000～10 000 倍液（40～50 mg/L）	喷雾	3	7	—	9
梨	梨黑星病	烯唑醇*	12.5%可湿性粉剂	3 000～4 000 倍液（31～42 mg/L）	喷雾	3	21		4
梨	梨木虱	阿维菌素*	1.8%乳油	3 000～6 000 倍液（3～6 mg/L）	喷雾	3	14		8
荔枝	椿象	氯氟氰菊酯	2.5%乳油	2 000～4 000 倍液（6.25～12.5 mg/L）	喷雾	2	14		8
荔枝	蒂蛀虫	毒死蜱＋氯氰菊酯**	52.25%乳油（毒死蜱 47.5%＋氯氰菊酯 4.75%）	1 000～2 000 倍液（260～522 mg/L）	喷雾	2	14		8
荔枝	荔枝椿象	氯氰菊酯**	5%乳油	1 000～2 000 倍液（25～50 mg/L）	喷雾	2	14	—	9
荔枝	荔枝霜（疫）霉病	霜脲氰＋代森锰锌	72%可湿性粉剂（霜脲氰 8%＋代森锰锌 64%）	500～700 倍液（1 030～1 440 mg/L）	喷雾	3	14		8
荔枝	霜（疫）霉病	烯酰吗啉＋代森锰锌	69%水分散粒剂（烯酰吗啉 9%＋代森锰锌 60%）	500～600 倍液（1 150～1 380 mg/L）	喷雾	3	14		8

（续）

适用作物	防治对象	农药通用名	剂型及含量	每亩次制剂施用量或稀释倍数（有效成分浓度）	施药方法	最多使用次数	安全间隔期（d）	实施要点说明	备注
荔枝	霜疫霉病	代森锰锌	80%可湿性粉剂	400～600 倍液（1 333～2 000 mg/L）	喷雾	3	10	—	9
芦笋	芦笋茎枯病	双胍辛烷苯基磺酸盐*	40%可湿性粉剂	800～1 000 倍液（400～500 mg/L）	喷雾	1	5		8
马铃薯	晚疫病	代森锰锌	80%可湿性粉剂	83～125 g	喷雾	3	3	—	9
马铃薯	抑制马铃薯出芽	氯苯胺灵*	2.5%粉剂	0.4～0.6 g/kg（马铃薯）	撒施或喷粉	1	7	储藏期施用	8
马铃薯	抑制马铃薯出芽	氯苯胺灵*	49.65%气雾液	60.4～80.6 mL/kg（马铃薯）	热喷雾	1	126	储藏期施用	8
芒果	储存病害	咪鲜胺*	45%乳油	450～900 倍液（500～1 000 mg/L）	浸果	1	7（处理后距上市时间）	浸 1 min 取出	7
芒果	炭疽病	咪鲜胺*	25%乳油	250～1 000 倍液（250～1 000 mg/L）	采后浸果或喷雾	1	20	—	9
芒果	炭疽病	咪鲜胺锰盐*	50%可湿性粉剂	500～2 000 倍液（250～1 000 mg/L）	采后浸果货喷雾	1	10	—	9

（续）

适用作物	防治对象	农药通用名	剂型及含量	每亩次制剂施用量或稀释倍数（有效成分浓度）	施药方法	最多使用次数	安全间隔期（d）	实施要点说明	备注
棉花	红蜘蛛	阿维菌素*	1.8%乳油	30~40 mL	喷雾	2	21		5
棉花	红蜘蛛	炔螨特*	73%乳油	41~68.5 mL（30~50 g）	喷雾	3	21		2
棉花	红蜘蛛	联苯菊酯	10%乳油	30~40 mL（3~4 g）	喷雾	3	14		3
棉花	红蜘蛛	噻螨酮	5%乳油	50~66 mL	喷雾	2	30		5
棉花	红蜘蛛	双甲脒*	20%乳油	20~40 mL（4~8 g）	喷雾	2	7		2
棉花	枯叶剂	百草枯*	20%水剂	1200~1 500 g（新疆） 1 500~2 100（其他地区）	喷雾	1		第一次霜降前两周	7
棉花	立枯病	咯菌腈*	2.5%悬浮种衣剂	600~800 g/100 kg 种子	拌种	1	—	—	9
棉花	立枯病、炭疽病	福美双+戊菌隆*	47%湿拌剂（32%+15%）	2.35~3.525 g/kg 种子	拌种	1		播种前拌种	7
棉花	棉花立枯病	萎锈灵+福美双*	40%胶悬剂（萎锈灵 20%+福美双 20%）	400~500 mL/100 kg 种子	拌种				8
棉花	棉花脱叶	噻苯隆	50%可湿性粉剂	20~40 g	喷雾	1	—	于棉桃开裂 70%时施药	9
棉花	棉铃虫	多杀菌素	48%乳油	63~84 mL	喷雾	3	14		8
棉花	棉铃虫	高效氯氰菊酯	10%乳油	525~720 mL	喷雾	3	7		8

（续）

适用作物	防治对象	农药通用名	剂型及含量	每亩次制剂施用量或稀释倍数（有效成分浓度）	施药方法	最多使用次数	安全间隔期（d）	实施要点说明	备注
棉花	棉铃虫	硫丹*	35%乳油	100～166 mL（35～58 g）	喷雾	3	14		6
棉花	棉铃虫	硫双威*	37.5%悬浮剂	60～90 mL（22～33.75 mg/L）	喷雾	3	21		6
棉花	棉铃虫	硫双灭多威*	棉花	30～45 g（22.5～33.75 g）	喷雾	3	14	37.5%悬浮剂为60～90 mL/亩	2
棉花	棉铃虫	甲基毒死蜱*	40%乳油	100～175 mL	喷雾	3	30	—	9
棉花	棉铃虫、红铃虫	氯氟氰菊酯	2.5%乳油	20～60 mL	喷雾	2	21		4
棉花	棉铃虫、红铃虫	丙溴磷＋氯氰菊酯**	44%乳油	66～100 mL	喷雾	3	40		5
棉花	棉铃虫、红铃虫	氟定脲*	5%乳油	60～140 mL	喷雾	3	21		4
棉花	棉铃虫、红铃虫	顺式氟氯氰菊酯*	2.5%乳油	25～35 mL（0.6～0.9 g）	喷雾	3	15		6
棉花	棉铃虫、红铃虫、蚜虫、螨类等	氟胺氰菊酯*	10%乳油	25～50 mL（2.5～5 g）	喷雾	3	14		3
棉花	棉铃虫、红铃虫、蚜虫等	甲氰菊酯	20%乳油	30～40 mL（6～8 g）	喷雾	3	14		3
棉花	棉铃虫、红铃虫、蚜虫等	S-氰戊菊酯**	5%乳油	25～35 mL（1.25～1.75 g）	喷雾	3	14		3

（续）

适用作物	防治对象	农药通用名	剂型及含量	每亩次制剂施用量或稀释倍数（有效成分浓度）	施药方法	最多使用次数	安全间隔期（d）	实施要点说明	备注
棉花	棉铃虫、棉蚜	灭多威*	24%水溶性液剂	75～100 mL（18～24 g）	喷雾	3	7		6
棉花	棉铃虫、棉蚜	灭多威*	90%可溶性粉剂	7.8～13.3 g（7～12 g）	喷雾	3	14		6
棉花	棉铃虫、红铃虫	氟氯氰菊酯*	5%乳油	32～50 mL	喷雾	2	21		5
棉花	棉铃虫、红铃虫等	联苯菊酯	10%乳油	20～35 mL（2～3.5 g）	喷雾	3	14		3
棉花	棉蚜	丙溴磷+氯氰菊酯**	44%乳油	30～60 mL	喷雾	3	40		5
棉花	棉蚜	丙硫克百威*	5%颗粒剂	2 000 g（100 g）	沟施	1			3
棉花	棉蚜	丙硫克百威*	20%乳油	750～1 000 mL	喷雾	2	30		7
棉花	棉蚜	克百威*	3%颗粒剂	1 500～2 000 g（45～60 g）	沟施	1		播种前或播时施	1
棉花	棉蚜	氯氟氰菊酯	2.5%乳油	10～20 mL	喷雾	3	21		4
棉花	棉蚜	吡虫啉	60%悬浮剂种衣剂	350～500 g/100kg 种子	拌种	1	—	—	9
棉花	棉蚜	吡虫啉	70%湿拌种剂	350～500 g/100kg 种子	拌种	1	—	—	9
棉花	棉蚜、红蜘蛛、红铃虫、棉铃虫	久效磷*	36.7%水剂	50～110 mL	喷雾	4	21	防棉蚜、红蜘蛛时用低剂量	4

（续）

适用作物	防治对象	农药通用名	剂型及含量	每亩次制剂施用量或稀释倍数（有效成分浓度）	施药方法	最多使用次数	安全间隔期（d）	实施要点说明	备注
棉花	棉蚜、红蜘蛛等	二嗪磷*	50%乳油	100～140 mL（50～70 g）	喷雾	3	41		2
棉花	棉蚜、棉铃虫、红铃虫	氯氰菊酯**	10%乳油	30～40 mL（3～4 g）	喷雾	3	7	安绿宝为 50～80 mL	2
棉花	棉蚜、棉铃虫、红铃虫	顺式氯氰菊酯	10%乳油	6.7～13.3 mL（0.67～1.33 g）	喷雾	3	7		2
棉花	棉蚜、棉铃虫、红铃虫、棉盲蝽等	顺式氯氰菊酯	5%乳油	34～46 mL（1.7～2.3 g）	喷雾	3	14	防棉铃虫、红铃虫时用高剂量	3
棉花	棉蚜、棉铃虫、红铃虫等	毒死蜱**	48%乳油	62.5～125 mL（30～60 g）	喷雾	3	21		1
棉花	棉蚜、棉铃虫、红铃虫等	伏杀硫磷*	35%乳油	131～189 mL（45.85～66.15 g）	喷雾	3	11		3
棉花	棉蚜、棉铃虫、红铃虫等	氯氰菊酯**	25%乳油	12～16 mL（3～4 g）	喷雾	3	14		3
棉花	棉蚜、棉铃虫、红铃虫等	氰戊菊酯*	20%乳油	25～50 mL（5～10 g）	喷雾	3	7		1
棉花	苗蚜、伏蚜	吡虫啉	20%浓可溶性剂	75～150 mL（苗蚜） 150～225 mL（伏蚜）	喷雾	3	14		7

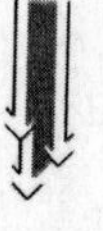

（续）

适用作物	防治对象	农药通用名	剂型及含量	每亩次制剂施用量或稀释倍数（有效成分浓度）	施药方法	最多使用次数	安全间隔期（d）	实施要点说明	备注
棉花	蚜虫	丁硫克百威*	20%乳油	450～900 mL	喷雾	2	30		7
棉花	蚜虫	克百威*	35%种子处理剂	28 g/kg 种子	种子处理	1		用硫酸将棉籽脱绒后包衣	4
棉花	蚜虫、螨类	涕灭威*	15%颗粒剂	200～400 g（30～60 g）	沟施或穴施	1		剧毒注意安全	1
棉花	蚜虫、棉铃虫、红铃虫、蓟马等	溴氰菊酯*	2.5%乳油	20～40 mL（0.5～1 g）	喷雾	3	14		3
棉花	蚜虫、棉铃虫	喹硫磷*	25%乳油	80～100 mL	喷雾	3	25		5
棉花	一年禾本科和阔叶杂草	氟草隆*	80%可湿性粉剂	133～150 g（106.4～120 g）	土壤处理	1		播后芽前施	3
棉花	一年禾本科杂草	氟吡乙禾灵*	12.5%乳油	40～64 mL（5～8 g）	喷雾	1		作物苗期，杂草3～5叶期喷施	3
棉花	一年生禾本科杂草	吡氟禾草灵*	35%乳油	50～100 mL（17.5～35 g）	喷雾	1		杂草3～5叶期施	2
棉花	一年生禾本科杂草	精吡氟禾草灵	15%乳油	33～67 mL（4.95～10.05 g）	喷雾	1		作物苗期，杂草3～5叶期喷施	3
棉花	一年生禾本科杂草	精喹禾灵	5%乳油	50～80 mL	喷雾	1		杂草3～6叶期喷施	5

（续）

适用作物	防治对象	农药通用名	剂型及含量	每亩次制剂施用量或稀释倍数（有效成分浓度）	施药方法	最多使用次数	安全间隔期（d）	实施要点说明	备注
棉花	一年生禾本科杂草	喹禾灵*	10%乳油	50～80 mL（5～8 g）	喷雾	1		棉花4叶期，杂草3～5叶期喷施	3
棉花	一年生禾本科杂草	烯禾啶	20%乳油	100～120 mL	喷雾	1		杂草3～5叶期作物苗期喷施	4
棉花	一年生禾本科杂草	烯禾啶	12.5%乳油	66～100 mL	喷雾	1		杂草3～5叶期，作物苗期喷施	5
棉花	一年生禾本科杂草	精恶唑禾草灵*	6.9%水乳剂	50～60 mL	喷雾	1	—	棉花出苗后禾本科杂草2～4叶期喷雾	9
棉花	一年生禾本科杂草及部分阔叶杂草	甲草胺	48%乳油	150～250 mL（72～120 g）	土壤处理	1		播后芽前施，避免在多雨，沙性土壤和水位高的地区使用，有机质含量高的地块用高剂量	3
棉花	一年生禾本科杂草及部分阔叶杂草	氟乐灵*	48%乳油	100～150 mL	喷雾	1	—	播种前，1次喷施于土表，耙匀	9
蘑菇	褐腐病、湿泡病	咪鲜胺+氯化锰*	50%可湿性粉剂	0.8～1.2 g/（m^2·次）	喷雾	2	8	均匀喷雾在培养料上	7
蘑菇	真菌病害	噻菌灵	60%可湿性粉剂	200～400 mg/kg木屑（木屑包栽培法）	拌施	1	65	制包前将药均匀拌于木屑中	5

（续）

适用作物	防治对象	农药通用名	剂型及含量	每亩次制剂施用量或稀释倍数（有效成分浓度）	施药方法	最多使用次数	安全间隔期（d）	实施要点说明	备注
蘑菇	真菌病害	噻菌灵	60%可湿性粉剂	400～667 倍液（900～1 500 mg/L）	喷雾	3	55	菌丝生长期喷施于断木剖面上（施药间隔 30 d）	5
苹果	斑点落叶病	双胍辛胺乙酸盐*	40%可湿性粉剂	800～1 000 倍液（400～500 mg/L）	喷雾	3	21		7
苹果	斑点落叶病	异菌脲	50%悬浮剂	1 000～2 000 倍液（250～500 mg/L）	喷雾	3	14	—	9
苹果	斑点落叶病、轮斑病	代森锰锌	80%可湿性粉剂	800 倍液（1 000 mg/L）	喷雾	3	10		6
苹果	斑点落叶病、轮斑病	噁唑菌酮+代森锰锌*	68.75%水分散粒剂：①6.25%；②62.5%	1 000～1 500 倍液（458.3～687.5 g/L）	喷雾	3	7	—	9
苹果	尺蠖、桃小食心虫等	除虫脲	25%可湿性粉剂	1 000～2 000 倍液（125～250 mg/L）	喷雾	3	21		3
苹果	黑星病、炭疽病、白粉病	氯苯嘧啶醇*	6%可湿性粉剂	1 000～1 500 倍液（40～60 mg/L）	喷雾	3	14		4
苹果	红蜘蛛	吡螨胺*	10%可湿性粉剂	2 000～3 000 倍液（33～50 mg/L）	喷雾	3	30		5
苹果	红蜘蛛	氟虫脲	5%乳油	667～1 000 倍液（50～75 mg/L）	喷雾	2	30		5

（续）

适用作物	防治对象	农药通用名	剂型及含量	每亩次制剂施用量或稀释倍数（有效成分浓度）	施药方法	最多使用次数	安全间隔期（d）	实施要点说明	备注
苹果	红蜘蛛	噻螨酮	5%乳油	1 500～2 000 倍液（25～33 mg/L）	喷雾	2	30		4
苹果	红蜘蛛	双甲脒*	20%乳油	1 000～1 500 倍液（133～200 mg/L）	喷雾	3	20		5
苹果	红蜘蛛	四螨嗪	50%悬浮剂	5 000～6 000 倍液（83～100 mg/L）	喷雾	2	30		5
苹果	红蜘蛛	唑螨酯	5%悬浮剂	2 000～3 000 倍液（12～25 mg/L）	喷雾	2	15		5
苹果	红蜘蛛等	三唑锡*	25%可湿性粉剂	1 000～1 330 倍液（185～250 mg/L）	喷雾	3	14		3
苹果	黄蚜	硫丹*	35%乳油	3 000～4 000 倍液（87.5～116.7 mg/L）	喷雾	3	15		6
苹果	轮斑病、褐斑病等	异菌脲	50%可湿性粉剂	1 000～1 500 倍液（333～500 mg/L）	喷雾	3	7		2
苹果	轮纹病	克菌丹	80%可湿性粉剂	600～800 倍数（1 000～1 333 mg/L）	喷雾	6	15	—	9
苹果	螨类	炔螨特*	73%乳油	2 000～3 000 倍液（243～365 mg/L）	喷雾	3	30		3

（续）

适用作物	防治对象	农药通用名	剂型及含量	每亩次制剂施用量或稀释倍数（有效成分浓度）	施药方法	最多使用次数	安全间隔期（d）	实施要点说明	备注
苹果	螨类	溴螨酯*	50%乳油	1 500～2 000倍液（250～500 mg/L）	喷雾	2	21		1
苹果	苹果	多抗霉素	10%可湿性粉剂	1 000～1 500倍液（67～100 mg/L）	喷雾	3	7	不能与碱性农药混用	4
苹果	桃小食心虫	氯氟氰菊酯	2.5%乳油	4 000～5 000倍液（5～6.2 mg/L）	喷雾	2	21		5
苹果	桃小食心虫、红蜘蛛等	甲氰菊酯	20%乳油	2 000～3 000倍液（67～100 mg/L）	喷雾	3	30	防红蜘蛛用低浓度	3
苹果	桃小食心虫等	氯氰菊酯**	25%乳油	4 000～5 000倍液（50～60 mg/L）	喷雾	3	21		3
苹果	桃小食心虫等	氰戊菊酯*	20%乳油	2 000～4 000倍液（50～100 mg/L）	喷雾	3	14		1
苹果	桃小食心虫等	顺式氰戊菊酯	5%乳油	2 000～3 125倍液（16～25 mg/L）	喷雾	3	14		3
苹果	桃小食心虫等	溴氰菊酯*	2.5%乳油	1 250～2 500倍液（5～10 mL/L）	喷雾	3	5		1
苹果	桃小食心虫、叶螨等	联苯菊酯	10%乳油	3 000～5 000倍液（20～33 mg/L）	喷雾	3	10		4

（续）

适用作物	防治对象	农药通用名	剂型及含量	每亩次制剂施用量或稀释倍数（有效成分浓度）	施药方法	最多使用次数	安全间隔期（d）	实施要点说明	备注
苹果	锈壁虱	唑螨酯	5%悬浮剂	1 000～2 000 倍液（25～50 mg/L）	喷雾	2	15		5
苹果	蚜虫	丙硫克百威*	20%乳油	1 500～3 000 倍液（66.7～133.3 mg/L）	喷雾	2	50		7
苹果	蚜虫	丁硫克百威*	20%乳油	3 000～4 000 倍液（50～66.7 mg/L）	喷雾	3	30		7
苹果	蚜虫	啶虫脒	3%乳油	2 000～2 500 倍液（12～15 mg/L）	喷雾	1	30		7
葡萄	灰霉病	腐霉利	50%可湿性粉剂	75～150 g（37.5～75 g）	喷雾	2	14		6
葡萄	霜霉病	①甲霜灵＋②代森锰锌	58%可湿性粉剂：①10%；②48%	500～800 倍液（725～1 160 mL/L）	喷雾	3	21		5
水稻	稗草	哌草丹*	50%乳油	150～267 mL（75～133.5 g）	撒施	1		播种后 1～4 d 或插秧后 3～7 d 拌细沙撒施	3
水稻	稗草、牛毛草等	禾草特	70%乳油	130～260 mL	喷雾或毒土	1		播前或插秧后 3～5 d 喷雾或撒毒土，保水 1 周	4
水稻	稗草、牛毛草等	禾草敌	90.9%乳油	146～220 mL（133.3～200 g）	喷雾或毒土	2		施药时避开雨天，施药后避免灌水	2

（续）

适用作物	防治对象	农药通用名	剂型及含量	每亩次制剂施用量或稀释倍数（有效成分浓度）	施药方法	最多使用次数	安全间隔期（d）	实施要点说明	备注
水稻	稗草、千金子等杂草	氰氟草酯	10%乳油	60～900 mL	茎叶喷雾	1		在水稻直播田内，秧苗2～3叶期，喷施	8
水稻	稗草、千金子等杂草	异噁草酮*	36%微囊悬浮剂	419～525 mL	撒施毒土	1		水稻移栽后5 d	8
水稻	稗草、三棱草、鸭舌草、牛毛毡等一年生杂草	禾草丹	50%乳油	266～400 mL（133～200 g）	喷雾或毒土	2		播前或插秧后5～7 d	2
水稻	稗草、莎草及阔叶杂草	双草醚*	10%悬浮剂	225～300 mL（水稻直播田南方地区），300～375 mL（水稻直播田北方地区）	喷雾	1		于稗草4～5叶期，喷施1次	8
水稻	稗草、鸭舌草、异壁莎草	环庚草醚	10%乳油	13～20 g（1.3～2 g）	毒土或喷雾	1		水稻移栽后5～7 d毒土或喷雾	6
水稻	稗草、眼子菜等	①禾草丹+②西草净*	57.5%乳油：①50%；②7.5%	200～270 mL	喷雾或毒土	1		施后保水1周，防眼子菜用高剂量	4
水稻	稗草等	二氯喹啉酸	50%可湿性粉剂	26～55 g	喷雾	1		水稻移栽后5～20 d喷施	5
水稻	稗草等一年生禾本科杂草	异丙甲草胺	72%乳油	10～20 mL（7.2～14.4 g）	喷雾	1		移栽后喷施或撒施毒土	6

（续）

适用作物	防治对象	农药通用名	剂型及含量	每亩次制剂施用量或稀释倍数（有效成分浓度）	施药方法	最多使用次数	安全间隔期（d）	实施要点说明	备注
水稻	稗草等一年生杂草	禾草丹	90%乳油	150～220 mL	喷雾或毒土	1		施后保水1周	4
水稻	稗草莎草及阔叶杂草	苄嘧磺隆＋禾草丹*	35.75%可湿性粉剂：苄嘧磺隆0.75%；禾草丹36%	3 000～4 500 g（南方）；4 500～6 000（北方）；2 250～3 000（秧田）	毒土或喷雾	1		移栽后7～10 d毒土撒施或喷施	7
水稻	稗草莎草及阔叶杂草	炔丙恶唑草*	80%水分散粒剂	75～124.95 g	毒土	1		移栽后7～10 d毒土撒施	7
水稻	稗草	二氯喹啉酸	25%悬浮剂	53.3～100 mL	喷雾	1	—	水稻移栽后7～10 d施药	9
水稻	稻飞虱	吡虫啉	20%浓可溶性剂	100～150 mL	喷雾	2	7		7
水稻	稻飞虱	醚菊酯***	20%乳油	30～45 mL（6～9 g）	喷雾	2	14		6
水稻	稻飞虱、稻纵卷叶螟	醚菊酯***	5%可湿性粉剂	80～120 g	喷雾	3	14		4
水稻	稻飞虱、叶蝉、螟虫等	仲丁威*	50%乳油	80～160 mL（40～80 g）	喷雾	3	21		2
水稻	稻飞虱、叶蝉等	异丙威*	2%粉剂	1 500～3 000 g（30～60 g）	喷粉	3	11		2
水稻	稻飞虱等	噻嗪酮＋异丙威*	25%可湿性粉剂	100～150 g（25～37.5 g）	喷雾	2	21		3
水稻	稻飞虱等	噻嗪酮	25%可湿性粉剂	20～30 g（5～7.5 g）	喷雾	2	14		3

（续）

适用作物	防治对象	农药通用名	剂型及含量	每亩次制剂施用量或稀释倍数（有效成分浓度）	施药方法	最多使用次数	安全间隔期（d）	实施要点说明	备注
水稻	稻飞虱、三化螟	丁硫克百威*	20%乳油	200～250 mL	喷雾	1	30		5
水稻	稻螟、稻苞虫、稻纵卷叶螟等	多噻烷*	30%乳油	120～170 mL	喷雾	3	14		4
水稻	稻螟、稻苞虫、稻纵卷叶螟等	杀虫环*	5%可溶性粉剂	50～100 g (2.5～5 g)	喷雾	3	15		2
水稻	稻螟虫、稻纵卷叶螟等	杀螟硫磷*	50%乳油	50～100 mL（25～50 g）	喷雾	3	21		2
水稻	稻曲病	丁、戊、己二酸酮*	30%悬浮剂	100～150 mL	喷雾	2		稻穗破口前喷施	4
水稻	稻瘟病	三环唑***	75%可湿性粉剂	20～27 g (15～20.25 g)	喷雾	2	21		1
水稻	稻瘟病	春雷霉素	2%液剂	80～100 mL (1.6～2 g)	喷雾	3	21		2
水稻	稻瘟病	稻瘟灵***	40%乳油 40%可湿性粉剂	66.5～100 mL (26.6～40 g)	喷雾	3（早稻）2（晚稻）	14（早稻）28（晚稻）		1
水稻	稻瘟病	敌瘟磷*	40%乳油	75～100 mL（30～40 g）	喷雾	3	21		2
水稻	稻瘟病	灭瘟素*	2%乳油	75～100 mL（1.5～2 g）	喷雾	3	7		3
水稻	稻瘟病	四氯苯酞*	50%可湿性粉剂	64～100 g（32～50 g）	喷雾	4	21		1

（续）

适用作物	防治对象	农药通用名	剂型及含量	每亩次制剂施用量或稀释倍数（有效成分浓度）	施药方法	最多使用次数	安全间隔期（d）	实施要点说明	备注
水稻	稻瘟病、纹枯病	甲基硫菌灵	70%可湿性粉剂	100～143 g（70～100 g）	喷雾	3	30	不能与铜制剂混用	3
水稻	稻瘟病、纹枯病	甲基硫菌灵	50%悬乳剂	100～150 mL	喷雾	3	30	不能与铜制剂混用	4
水稻	稻象甲	醚菊酯***	4%油剂	200～250 mL	喷雾或滴施	3	14	滴施时滴在稻田灌溉水中	5
水稻	稻象甲	醚菊酯***	10%悬浮剂	40～60 mL	喷雾	3	14		4
水稻	稻瘿纹	灭线磷*	5%颗粒剂	2 000～2400 g（100～120 g）	撒施	1		插秧后 10 d 拌土撒施	6
水稻	稻瘿蚊	丁硫克百威*	35%种衣剂	17～23 g/kg 种子（6～8 g/kg 种子）	包衣	1			6
水稻	稻瘿蚊、稻飞虱、三化螟	氯唑磷*	3%颗粒剂	1 000 g	撒施	3	28	拌毒土撒施	5
水稻	稻瘿蚊、稻纵卷叶螟、稻蓟马	氟虫腈*	25%悬浮种衣剂	320～640 g/100 kg 种子	拌种	—	—	—	9
水稻	稻纵卷叶螟	杀虫单*	80%可溶性粉剂	35～50 g	喷雾	2	30	—	9
水稻	恶霉病	咪酰胺*	45%乳油	2 600～7 200 倍液（62.5～173 mg/L）	浸种	—	—	浸种（南方 3 d，北方 5 d）	9
水稻	水稻恶苗病	稻瘟酯*	20%可湿性粉剂	200～400 倍液（500～1 000 mg/L）	浸种			播种前浸种 24 h	6

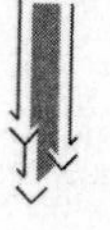

（续）

适用作物	防治对象	农药通用名	剂型及含量	每亩次制剂施用量或稀释倍数（有效成分浓度）	施药方法	最多使用次数	安全间隔期（d）	实施要点说明	备注
水稻	二化螟	杀虫单*	80%可溶性粉剂	56.3～67.5 g	喷雾	2	30	—	9
水稻	福寿螺	杀螺胺*	70%可湿性粉剂	28～33 g（19.6～23.1 g）	喷雾	2	52		6
水稻	福寿螺	四聚乙醛	6%颗粒剂	467～776 g（28～40 g）	撒施	2	70	苗期撒施	6
水稻	蓟马	丁硫克百威*	35%种衣剂	6～12 g/kg种子（2～4 g/kg种子）	包衣	1			6
水稻	阔叶杂草	环丙嘧磺隆*	10%可湿性粉剂	150～400.5 g	毒土或喷雾	1		移栽后7～15 d施用	7
水稻	阔叶杂草、莎草、稗草	吡嘧磺隆*	10%可湿性粉剂	10～20 g（移栽田）	喷雾	1		移栽后1周喷施	5
水稻	阔叶杂草、莎草、稗草	吡嘧磺隆*	10%可湿性粉剂	10～17 g（直播田）	喷雾	1		直播水稻1～3叶期喷施	5
水稻	阔叶杂草及莎草	四唑嘧磺隆*	50%水分散粒剂	1.33～2.67 g	毒土撒施	1	—	用毒沙土法于水稻移栽后7～12d撒施于水稻田中	9
水稻	阔叶杂草及莎草	苄嘧磺隆*	10%可湿性粉剂	13～25 g	毒土或喷雾	1		插秧后5～7 d施，保水1周	4
水稻	阔叶杂草及莎草	乙氧磺隆*	15%水分散粒剂	45～75 g（华南），75～105 g（长江流域），105～210（东北华北地区）	毒土	1		移栽后7～10 d撒施	7

（续）

适用作物	防治对象	农药通用名	剂型及含量	每亩次制剂施用量或稀释倍数（有效成分浓度）	施药方法	最多使用次数	安全间隔期（d）	实施要点说明	备注
水稻	阔叶杂草及一年生莎草等	苄甲磺隆*	10%可湿性粉剂	4～7 g（0.4～0.7 g）	喷雾	1		移栽后 7～10 d 喷施	6
水稻	立枯病	恶霉灵	30%水剂	3～6 mL/m² 苗床（0.9～1.8）g/m² 苗床	浇施	3		秧田播前至苗前期	3
水稻	螟虫	丙硫克百威*	5%颗粒剂	2 000～2 500 g（100～125 g）	撒施	1	60	一般只在秧田施	3
水稻	螟虫、稻飞虱、叶蝉、负泥虫等	稻丰散*	50%乳油	66～132 mL（33～66 g）	喷雾	3	7		2
水稻	螟虫、稻飞虱等	克百威*	3%颗粒剂	2 000～3 000 g（60～90 g）	撒施	2	60	一般只在秧田施1次	1
水稻	螟虫、稻瘿蚊、稻飞虱、蓟马、叶蝉等	喹硫磷*	25%乳油	150～200 mL（37.5～50 g）	喷雾	3	14		1
水稻	螟虫等	杀螟丹*	50%可溶性粉剂	40～100 g（20～50 g）	喷雾	3	21		1
水稻	莎草科杂草及阔叶杂草	灭草松	48%液剂	133～200 mL（63.84～96 g）	喷雾	1		插秧的 20～30 d，杂草 3～5 叶期，排水后施	3
水稻	水稻恶苗病	咪鲜胺*	25%乳油	2 000～4 000 倍液（63～125 mg/L）	浸种	1		浸种 48 h	8

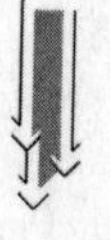

（续）

适用作物	防治对象	农药通用名	剂型及含量	每亩次制剂施用量或稀释倍数（有效成分浓度）	施药方法	最多使用次数	安全间隔期（d）	实施要点说明	备注
水稻	水稻苗期病害	萎锈灵＋福美双*	40%胶悬剂（萎锈灵20%＋福美双20%）	400～500 mL/100 kg种子	拌种				8
水稻	纹枯病	氟酰胺***	20%可湿性粉剂	100～125 g（20～25 g）	喷雾	2	21		3
水稻	纹枯病	灭锈胺*	75%可湿性粉剂	66.7～75 g（50～56.25 g）	喷雾	2	30		3
水稻	纹枯病	己唑醇*	5%悬浮剂	80～100 mL	喷雾	2	45	—	9
水稻	一年生禾本科杂草	禾草丹	10%颗粒剂	19 950～30 000 g	毒土		1	移栽后7～10 d撒施	7
水稻	一年生禾本科杂草、莎草及部分阔叶杂草	丙草胺*	50%乳油	900～1 050 mL	毒土撒施	1		水稻移栽后5～10 d，毒土撒施1次	8
水稻	一年生禾本科杂草莎草	莎稗磷*	30%乳油	900～1 200 mL	毒土或喷雾	1		移栽后7～10 d施用	7
水稻	一年生阔叶杂草	醚磺隆*	20%水分散粒剂	90～150 g	毒土	1		移栽后7～10 d撒施	7
水稻	一年生杂草	禾草特＋西草净＋二甲四氯*	78.4%乳油	200～255 mL（156.8～199.92 g）	撒施	1		插秧后15～18 d内拌细沙10 kg撒施	3
水稻	一年生杂草	丙草胺*	30%乳油	100～115 mL	喷雾或毒土	1		水直播或秧田播后1～4 d喷雾或毒土	4
水稻	一年生杂草	丁草胺*	60%乳油	83～142 mL（49.8～85.2 g）	喷雾或毒土	1		插秧前2～3 d或插秧后4～6 d施	1

(续)

适用作物	防治对象	农药通用名	剂型及含量	每亩次制剂施用量或稀释倍数（有效成分浓度）	施药方法	最多使用次数	安全间隔期（d）	实施要点说明	备注
水稻	一年生杂草	丁草胺*	5%颗粒剂	1 000～1 700 g (50～85 g)	喷雾或毒土	1		插秧前 2～3 d 或插秧后 4～6 d 施	1
水稻	一年生杂草	恶草酮	12%乳油	200～270 mL (24～32.4 g)	喷雾	1		插前或插秧后 2～3 d施，北方旱直播田用25%乳油每亩165～232 mL，南方插秧田每亩 65～100 mL	2
水稻	一年生杂草	恶草酮	25%乳油	100～132 mL (25～33 g)	喷雾或毒土	1		插前或插秧后 2～3 d施，北方旱直播田用25%乳油每亩165～232 mL，南方插秧田每亩 65～100 mL	2
水稻	一年生杂草	乙氧氟草醚	23.5%乳油	10～20 mL (2.35～4.7 g)	撒施	1		插秧后 5～7 d，拌细土 10～15 kg 撒施	3
水稻	一年生杂草	净哌磷混剂*	50%乳油	160～200 mL (80～100 g)	撒施	1		插秧后 15 d 内拌细沙土撒施	3
水稻	杂草	莎稗磷+乙氧磺隆*	30%可湿性粉剂：莎稗磷 27%；乙氧磺隆 3%	750～900 g（长江以北的其他地区），900～1 050（东北）	毒土	1		移栽后 7～10 d 毒土撒施，长江以北不能用	7

（续）

适用作物	防治对象	农药通用名	剂型及含量	每亩次制剂施用量或稀释倍数（有效成分浓度）	施药方法	最多使用次数	安全间隔期（d）	实施要点说明	备注
稻谷原粮	玉米蟓	甲基嘧啶磷*	50%乳油	5～10 mg/L	喷雾	1	90	—	9
桃	桃蠹螟	氯氰菊酯**	10%乳油	2 000～4 000 倍液（25～50 mg/L）	喷雾	3	7		2
桃树	桃树褐斑病	氰苯唑	24%悬浮剂	2 500～3 200 倍液（75～96 mg/L）	喷雾	3	14		8
甜菜	地下害虫	克百威*	35%种子处理剂	20～28 g/kg 种子	种子处理	1		播种时拌种	5
甜菜	甘蓝夜蛾	S-氰戊菊酯**	5%乳油	10～20 mL	喷雾	2	60		5
甜菜	阔叶杂草	甜菜宁	16%乳油	400～600 mL	喷雾	1		杂草 2～4 叶期甜菜苗期喷施	4
甜菜	立枯病	恶霉灵	70%可湿性粉剂	4～7 g/kg 种子（2.8～4.9 g/kg 种子）	拌种			与福美双混，加福美 28～49 g/kg 种子（有效成分 2～4 g/kg）	3
甜菜	苗期害虫	克百威*	3%颗粒剂	1 500～2 000 g	沟施或条施	1		播种前沟施或条施	5
甜菜	野燕麦、稗草、马唐等杂草	禾草灵	36%乳油	130～185 mL（46.8～66.6 g）	喷雾	1		杂草 2～4 叶期施	2

（续）

适用作物	防治对象	农药通用名	剂型及含量	每亩次制剂施用量或稀释倍数（有效成分浓度）	施药方法	最多使用次数	安全间隔期（d）	实施要点说明	备注
甜菜	一年生禾本科杂草	精吡氟禾草灵	15%乳油	50～67 mL（7.5～10.05 g）	喷雾	1		作物苗期，杂草3～5叶期喷施	3
甜菜	一年生禾本科杂草	喹禾灵*	10%乳油	80～100 mL（8～10 g）	喷雾	1		甜菜4～5叶期，杂草3～5叶期喷施	3
甜菜	一年生禾本科杂草	烯禾啶	20%乳油	100 mL（20 g）	喷雾	1		作物苗期，杂草3～5叶喷施	3
甜菜	一年生禾本科杂草	烯禾啶	12.5%乳油	66～100 mL	喷雾	1		杂草3～5叶期，作物苗期喷施	5
甜菜	一年生阔叶杂草	①甜菜安+②甜菜宁	16%乳油①8%②8%	330～400 mL	喷雾	1		甜菜苗期，杂草2～4叶期喷施	5
西瓜	枯萎病	锌·柠·络胺铜*	25.9%水剂	500～600倍液（200 mL/株）	灌根	3	40		5
西瓜	枯萎病	锌·柠·络胺铜*	25.9%水剂	100 mL	喷雾	3	40		5
西瓜	炭疽病	代森锰锌	80%可湿性粉剂	2 490～3 750 g	喷雾	3	21		7
西瓜	西瓜炭疽病	代森锰锌	75%干悬浮剂	3 000～3 600 g	喷雾	3	21		8
香蕉	香蕉冠腐病、炭疽病	咪鲜胺*	45%水乳剂	900～1 800倍液（250～500 mg/L）	浸果	1	7	浸果1 min	8

（续）

适用作物	防治对象	农药通用名	剂型及含量	每亩次制剂施用量或稀释倍数（有效成分浓度）	施药方法	最多使用次数	安全间隔期（d）	实施要点说明	备注
香蕉	香蕉叶斑病	代森锰锌	43%悬浮剂	300～400 倍液（1 050～1 400 mg/L）	喷雾	3	35		8
香蕉	叶斑病	丙环唑	25%乳油	500～1 000 倍液（250～500 mg/L）	喷雾	2	42		7
香蕉	叶斑病	代森锰锌	42%干悬浮剂	300～400 倍液（1 400～4 050 mg/L）	喷雾	3	7		7
香蕉	叶斑病	氰苯唑	24%悬浮剂	960～1 200 倍液（200～250 mg/L）	喷雾	3	42		7
香蕉	叶斑病	戊唑醇	25%水乳剂	1 000～1 500 倍液（167～250 mg/L）	喷雾	3	42		8
香蕉	贮藏病害	异菌脲	25%悬浮剂	167 倍液（1 500 mg/L）	浸果	1	4	浸果 2 min 后捞出晾干贮存	4
香蕉	贮藏病害	噻菌灵	40%可湿性粉剂	500～1 000 倍液（400～800 mg/L）	采后浸果 1 min	1	14	—	9
香蕉	贮藏病害	噻菌灵	45%悬浮剂	600～900 倍液（500～750 mg/L）	浸果	1	10	浸 1 min 后捞出晾干贮存	4
小麦	白粉病、锈病	三唑酮	25%可湿性粉剂	28～33 g（7～8.25 g）	喷雾	2	20	防锈病用高剂量	1

（续）

适用作物	防治对象	农药通用名	剂型及含量	每亩次制剂施用量或稀释倍数（有效成分浓度）	施药方法	最多使用次数	安全间隔期（d）	实施要点说明	备注
小麦	赤霉病	甲基硫菌灵	50%悬乳剂	100～150 mL	喷雾	1	30	不能与铜制剂混用	4
小麦	地下害虫	二嗪磷	50%乳油	2～4 mL/kg 种子（0.1%～0.2%种子质量）	拌种			播种前拌种	2
小麦	黑穗病	烯唑醇*	2%可湿性粉剂	2～2.5 g/kg 种子	拌种	1		播种前拌种	4
小麦	黑穗病、根腐剂、条纹病	萎锈灵＋福美双*	75%可湿性粉剂	2.5～2.8 g/kg 种子（1.88～2.1 g/kg 种子）	拌种				3
小麦	黑穗病、根腐剂、条纹病	萎锈灵＋福美双*	40%悬浮剂	2.7～3.3 g/kg 种子（1.08～1.32 g/kg 种子）	拌种				3
小麦	黑星病、赤霉病	甲基硫菌灵	70%可湿性粉剂	71～100 g（49.7～70 g）	喷雾	1	30	不能与铜制剂混用	3
小麦	阔叶杂草	苯磺隆*	75%可湿性粉剂	0.9～1.7 g	喷雾	1		小麦拔节期喷施	5
小麦	阔叶杂草	苯磺隆*	75%干悬剂	0.9～1.7 g	喷雾	1		小麦拔节期喷施	5
小麦	阔叶杂草	哒草特*	45%可湿性粉剂	130～200 g（58.5～90 g）	喷雾	1		小麦、花生 4 叶期，杂草 2～4 叶期兑水 50 L喷施	3
小麦	阔叶杂草	酚硫杀*	20%乳油	130～200 mL	喷雾	1		小麦分蘖末期喷施	4
小麦	阔叶杂草	氟草烟*	20%乳油	50～70 mL	喷雾	1		冬小麦返青期，春小麦 2～4 叶期施	4
小麦	阔叶杂草	灭草松	48%液剂	135～200 mL（64～96 g）	喷雾	1		冬小麦返青后喷施	6

（续）

适用作物	防治对象	农药通用名	剂型及含量	每亩次制剂施用量或稀释倍数（有效成分浓度）	施药方法	最多使用次数	安全间隔期（d）	实施要点说明	备注
小麦	阔叶杂草	噻吩磺隆	75%干悬浮剂或可湿性粉剂	2～3 g（1.5～2.1 g）	喷雾	1		小麦拔节期喷施	6
小麦	阔叶杂草	酰嘧磺隆*	50%水分散粒剂	45～60 g	喷雾	1		于小麦返青后、拔节前喷施	8
小麦	阔叶杂草	溴苯腈*	22.5%乳油	100～170 mL	喷雾	1		小麦3～5叶期，杂草4叶前喷施	4
小麦	阔叶杂草	双氟磺草胺+2，4-滴异辛酯*	45.9%悬浮剂：①0.6%；②45.3%	30～40 mL	喷雾	1	—	小麦苗期施药	9
小麦	阔叶杂草	双氟磺草胺+唑嘧磺草胺*	17.5%悬浮剂：双氟磺草胺7.5%；唑嘧磺草胺10%	3～4.5 mL	喷雾	1	—	小麦苗期施药	9
小麦	麦蚜、黏虫	S-氰戊菊酯**	5%乳油	12～15 mL	喷雾	2	21		5
小麦	麦蚜、黏虫	氯氟氰菊酯	2.5%乳油	12～20 mL（0.3～0.5 g）	喷雾	2	15		6
小麦	黏虫、蚜虫	溴氰菊酯*	2.5%乳油	10～15 mL	喷雾	3	15		4
小麦	黏虫等	除虫脲	25%可湿性粉剂	6～20 g（1.5～5 g）	喷雾	2	21		3
小麦	锈病、白粉病、根腐病等	丙环唑	25%乳油	33.2 mL（8.3 g）	喷雾	2	28		2

（续）

适用作物	防治对象	农药通用名	剂型及含量	每亩次制剂施用量或稀释倍数（有效成分浓度）	施药方法	最多使用次数	安全间隔期（d）	实施要点说明	备注
小麦	蚜虫	抗蚜威	50%可湿性粉剂	10～20 g	喷雾	2	14		4
小麦	蚜虫	灭多威*	90%可溶性粉剂	112.5～225 g	喷雾	2	14		8
小麦	蚜虫	毒死蜱**	48%乳油	15～25 mL	喷雾	2	14	—	9
小麦	野燕麦	野燕枯*	40%水剂	3 000～3 750 g	喷雾	1		苗后喷施	7
小麦	野燕麦	野麦畏	40%乳油	150～200 mL（60～80 g）	土壤处理	1		春小麦播前5～7 d施	2
小麦	野燕麦、稗草、马唐等杂草	禾草灵	36%乳油	130～185 mL（46.8～66.6 g）	喷雾	1		野燕麦3～5叶期施	2
小麦	野燕麦、看麦娘等一年生禾本科杂草	精恶唑禾草灵*	6.9%水乳剂	40～58 mL（2.8～4 g）	喷雾	1		冬小麦返青或春小麦分蘖初期喷施	6
小麦	野燕麦、看麦娘等一年生禾本科杂草	精恶唑禾草灵*	10%乳油	30～40 mL（3～4 g）	喷雾	1		冬小麦返青或春小麦分蘖初期喷施	6
小麦	一年生或多年杂草	麦草畏	48%水剂	20～27 mL（9.6～12.96 g）	喷雾	1		小麦3叶期至分蘖末期喷施	3
小麦	黏虫等	灭幼脲	25%悬浮剂	40 mL（10 g）	喷雾	2	15		2
小麦	猪殃殃为主的阔叶杂草	吡草醚*	2%悬浮剂	30～40 mL	喷雾	1	—	—	9
冬小麦	诱导小麦雄性不育的作用	苯哒嗪丙酯*	10%乳油	500～666.7 mL	喷雾	1	—	小麦雌雄蕊分化期施药	9

（续）

适用作物	防治对象	农药通用名	剂型及含量	每亩次制剂施用量或稀释倍数（有效成分浓度）	施药方法	最多使用次数	安全间隔期（d）	实施要点说明	备注
小麦(大麦)	野燕麦等杂草	燕麦枯*	64%可溶性粉剂	78～125 g（50～80 g）	喷雾	1		杂草 3～5 叶期施	2
亚麻	一年生禾本科杂草	烯禾啶	20%乳油	65～120 mL	喷雾	1		杂草 3～5 叶期，作物苗期喷施	4
烟草	赤星病	代森锰锌	80%可湿性粉剂	117～140 g	喷雾	2	21	—	9
烟草	黑胫病	恶霜灵＋代森锰锌	64%可湿性粉剂	203～250 g（130～160 g）	喷雾	3	20		3
烟草	蚜虫	吡虫啉	20%浓可溶剂	150～300 mL	喷雾	2	10		8
烟草	蚜虫	丙硫克百威*	20%乳油	300～450 mL	喷雾	3	14		8
烟草	蚜虫	抗蚜威	50%可湿性粉剂	16～22 g（8～11 g）	喷雾	3	7		3
烟草	蚜虫	啶虫脒	3%乳油	30～40 mL	喷雾	3	15	—	9
烟草	烟草甲虫	磷化镁*	56%片剂	2 片/30m³	熏蒸	1	7		8
烟草	烟青虫	灭多威*	24%水溶性液剂	50～75 mL	喷雾	2	5	吸入毒性高，预防中毒	4
烟草	烟青虫	灭多威*	90%可溶性粉剂	10～14 g（9～13 g）	喷雾	3	10		6
烟草	烟青虫	S-氰戊菊酯**	5%乳油	10～15 mL	喷雾	2	10		5
烟草	烟青虫、蚜虫等	溴氰菊酯*	2.5%乳油	20～40 mL（0.5～1 g）	喷雾	3	15		1

（续）

适用作物	防治对象	农药通用名	剂型及含量	每亩次制剂施用量或稀释倍数（有效成分浓度）	施药方法	最多使用次数	安全间隔期（d）	实施要点说明	备注
烟草	烟蚜	氯氟氰菊酯	2.5%乳油	15～20 mL（0.375～0.5 g）	喷雾	2	7		6
烟草	烟蚜	涕灭威*	5%颗粒剂	667 g（33.3 g）	撒施	1		烟苗移栽后撒施	6
烟草	烟蚜、烟青虫	硫丹*	35%乳油	1 000～1 500 mL	喷雾	3	15		7
烟草	一年生禾本科杂草及部分阔叶杂草	萘氧丙草胺*	50%可湿性粉剂	100～260 mL	土壤处理	1		烟草移栽后，杂草出土前喷施	4
烟草	一年生禾本科杂草、莎草及部分阔叶杂草	双苯酰草胺*	90%可湿性粉剂	333～481 g（299.7～432.9 g）	喷雾	1		烟田起垄后，杂草出土前施	3
烟草	抑制腋芽	仲丁灵*	36%乳油	100 倍液（3 600 mg/L）15～20 mL/株	杯淋	1	15	烟株打顶后 24h 内杯淋	6
烟草	抑制腋芽	氟节胺*	25%乳油	60～70 mL（或 0.04 mL/株）	喷雾或杯淋	1		烟草打顶后随即施药，不可与其他农药混用	4
烟草	抑制腋芽	二甲戊乐灵	33%乳油	100 倍液（3 300 mg/L）20～25 mL/株	杯淋	1	10		5
烟草	抑制腋芽生长	氟节胺*	25%乳油	350 倍液（714 mg/L）	杯淋或涂抹	1	10	烟草打顶后杯淋或涂抹	8
烟草	抑制腋芽生长	抑芽丹*	18%水剂	1 mL/株	喷雾	1	30	于烟株现蕾初花期，打掉顶芽后 24 h 内将药液兑水 25～30 倍喷于烟株上部 1/3～1/2 处	9

（续）

适用作物	防治对象	农药通用名	剂型及含量	每亩次制剂施用量或稀释倍数（有效成分浓度）	施药方法	最多使用次数	安全间隔期（d）	实施要点说明	备注
烟叶	烟草甲虫	烯虫酯*	4.1%可溶性液剂	4 100～5 467 倍液（7.5～10 mg/L）	喷雾	1	40	烟草储存初期喷雾1次	8
叶菜	菜青虫、小菜蛾	氟苯脲*	5%乳油	45～60 mL	喷雾	2	10	避免污染水栖生物生栖地	4
叶菜	菜青虫、小菜蛾、蚜虫等	溴氰菊酯*	2.5%乳油	20～40 mL（0.5～1 g）	喷雾	3	2		1
叶菜	菜青虫、小菜蛾等	氰戊菊酯*	20%乳油	20～40 mL（4～8 g）	喷雾	3	夏季5 d，秋冬季12 d		1
叶菜	菜青虫、小菜蛾等	S-氰戊菊酯**	5%乳油	10～20 mL（0.5～1 g）	喷雾	3	3		3
叶菜	菜青虫、斜纹夜蛾、蚜虫等	喹硫磷*	25%乳油	60～80 mL（15～20 g）	喷雾	2	24	适用于甘蓝、大白菜	1
叶菜	菜青虫、蚜虫、小菜蛾等	顺式氯氰菊酯	10%乳油	5～10 mL（0.5～1 g）	喷雾	3	3		3
叶菜	菜青虫、蚜虫等	毒死蜱**	48%乳油	50～75 mL（24～36 g）	喷雾	3	7		2
叶菜	菜青虫、蚜虫等	氯氰菊酯**	10%乳油	25～35 mL（2.5～3.5 g）	喷雾	3	5		1
叶菜	菜青虫、蚜虫等	氯氰菊酯**	25%乳油	10～14 mL（2.5～3.5 g）	喷雾	3	3		3

（续）

适用作物	防治对象	农药通用名	剂型及含量	每亩次制剂施用量或稀释倍数（有效成分浓度）	施药方法	最多使用次数	安全间隔期（d）	实施要点说明	备注
叶菜	菜青虫等	氟胺氰菊酯*	10%乳油	25～50 mL（2.5～5 g）	喷雾	3	7		3
叶菜	蜗牛、蛞蝓	四聚乙醛	6%颗粒剂	700～8 500 g	撒施	2	7		7
叶菜	小菜蛾	阿维菌素*	1.8%乳油	33～50 mL	喷雾	1	7		5
叶菜	小菜蛾、菜青虫	甲氰菊酯	20%乳油	25～30 mL（5～6 g）	喷雾	3	3		3
叶菜	蚜虫	抗蚜威	50%可湿性粉剂	10～18 g（5～9 g）	喷雾	3	11		1
叶菜	蚜虫、菜青虫	鱼藤酮+氰戊菊酯*	1.3%乳油	100～123 mL（1.3～1.6 g）	喷雾	3	5		6
叶菜	蚜虫、菜青虫、红蜘蛛等	氯氟氰菊酯	2.5%乳油	25～50 mL（6.25～12.5 g）	喷雾	3	7		3
叶菜	蚜虫、菜青虫、小菜蛾等	伏杀硫磷*	35%乳油	131～189 mL（45.85～66.15 g）	喷雾	2	7		2
叶菜	一年生阔叶杂草及禾本科杂草	二甲戊乐灵	33%乳油	100～150 mL	土壤处理	1		移栽前土壤喷雾后耙匀	4
白菜	促进生长	复硝酚一铵*	1.2%水剂	2 000 倍液（6 mg/L）	喷雾	2	7		6
油菜	繁缕、牛繁缕、雀舌草、阔叶杂草	草除灵*	50%乳油	27～30 mL（13.5～15 g）	喷雾	1		油菜移栽后 7 d 喷施	6

（续）

适用作物	防治对象	农药通用名	剂型及含量	每亩次制剂施用量或稀释倍数（有效成分浓度）	施药方法	最多使用次数	安全间隔期（d）	实施要点说明	备注
油菜	菌核病	腐霉利	50%可湿性粉剂	30～60 g（15～30 g）	喷雾	2	25		3
油菜	菌核病	异菌脲	25%悬浮剂	140～200 mL	喷雾	2	50		4
油菜	蚜虫	抗蚜威	50%可湿性粉剂	12～20 g	喷雾	2	14		4
油菜	蚜虫	溴氰菊酯*	2.5%乳油	10～20 mL	喷雾	2	5	—	9
油菜	一年禾本科杂草	氟吡甲禾灵*	12.5%乳油	30～50 mL	喷雾	1		苗期，杂草3～5叶期，兑水50L喷施	5
油菜	一年生禾本科杂草	噁唑禾草灵*	6.9%水乳剂	600～900 mL	喷雾	1		油菜2～4叶期，喷施	8
油菜	一年生禾本科杂草	噁唑禾草灵*	8.05%乳油	600～750 mL	喷雾	1		油菜2～4叶期，喷施	8
油菜	一年生禾本科杂草	精吡氟禾草灵	15%乳油	40～66 mL	喷雾	1		油菜苗期，杂草1～4叶期喷施	4
油菜	一年生禾本科杂草	精吡氟乙草灵*	10.8%乳油	20～30 mL（2～3 g）	喷雾	1		春季油菜3～5叶期	6
油菜	一年生禾本科杂草	精喹禾灵*	5%乳油	50～80 mL	喷雾	1		杂草3～6叶期喷施	5
油菜	一年生禾本科杂草	烯禾啶	20%乳油	65～120 mL	喷雾	1		杂草3～5叶期，作物苗期喷施	4
油菜	一年生禾本科杂草	烯禾啶	12.5%乳油	66～100 mL	喷雾	1		杂草3～5叶期，作物苗期喷施	5

（续）

适用作物	防治对象	农药通用名	剂型及含量	每亩次制剂施用量或稀释倍数（有效成分浓度）	施药方法	最多使用次数	安全间隔期（d）	实施要点说明	备注
油菜	一年生禾本科杂草	喹禾糠酯*	4%乳油	60～80 mL	喷雾	1	—	油菜 5～6 叶期施药，茎叶喷雾	9
油菜	一年生禾本科杂草	烯草酮	12%乳油	30～40 mL	喷雾	1	—	于禾本科杂草2～4叶期施药	9
油菜	一年生禾本科杂草及部分阔叶杂草	乙草胺	90%乳油	600～900 mL	土壤喷雾	1		移栽后土壤喷施	8
油菜	一年生禾本科杂草及阔叶杂草	双酰草胺*	70%可湿性粉剂	200～270 g	喷雾	1		开春油菜转春初期至开盘前施	4
玉米	地下害虫	克百威*	35%种衣剂	20～29 g/kg 种子（7～10 g/kg 种子）	包衣	1			6
玉米	阔叶杂草	氟磺草胺*	80%水分散粒剂	56～75 g	喷雾	1		苗后喷施	7
玉米	阔叶杂草	麦草畏	48%水剂	25～40 mL	喷雾	1		玉米 4～6 叶期喷施	4
玉米	阔叶杂草	噻吩磺隆	75%干悬浮剂 75%可湿性粉剂	2～3 g（1.5～2.1 g）	喷雾	1		玉米苗期喷施	6

（续）

适用作物	防治对象	农药通用名	剂型及含量	每亩次制剂施用量或稀释倍数（有效成分浓度）	施药方法	最多使用次数	安全间隔期（d）	实施要点说明	备注
玉米	阔叶杂草	溴苯腈*	22.5%乳油	80～135 mL	喷雾	1		玉米3～8叶期，杂草4叶期喷施	4
玉米	丝黑穗病	烯唑醇*	12.5%可湿性粉剂	5～7 g/kg种子	拌种	1		播种前拌种	4
玉米	一年生禾本科杂草及部分阔叶杂草	氟乐灵*	48%乳油	75～100 mL（36～48 g）	土壤处理	1		播种前施，施后耙匀	2
玉米	一年生禾本科杂草及部分阔叶杂草	甲草胺	48%乳油	200～400 mL（96～192 g）	土壤喷雾	1		播后芽前施药，避免在沙性土壤和地下水位高及有机含量高的地块使用	2
玉米	一年生禾本科杂草及部分阔叶杂草	乙草胺	90%乳油	1 500～1 800 mL（东北地区），900～1 500 mL（其他地区）	土壤喷雾	1		于玉米播种后出苗前，土壤喷施1次	8
玉米	一年生禾本科杂草及部分阔叶杂草	异丙草胺*	72%乳油	1 500～2 000 mL	土壤喷雾	1		播后苗前土壤喷雾1次	8
玉米	一年生阔叶及禾本科杂草	二甲戊乐灵	33%乳油	150～303 mL	土壤处理	1		播后或苗前5 d土壤喷雾	4

（续）

适用作物	防治对象	农药通用名	剂型及含量	每亩次制剂施用量或稀释倍数（有效成分浓度）	施药方法	最多使用次数	安全间隔期（d）	实施要点说明	备注
玉米	一年生阔叶杂草	砜嘧磺隆*	25%干悬浮剂	75～90 g	喷雾	1		玉米1～4叶期喷雾1次	8
玉米	一年生杂草	氰草津*	80%可湿性粉剂	83～250 g (66.1～200 g)	喷雾	1		播种后至玉米4叶期前施	2
玉米	一年生杂草	氰草津*	48%液剂	200～300 mL (96～144 g)	喷雾	1		播种后至玉米4叶期前施	2
玉米	一年生杂草	异丙甲草胺**	72%乳油	1 350～2 700 g	喷雾	1		苗期喷施	7
玉米	一年生杂草	氰草津*	43%悬浮剂	288～363 mL (120.4～154.8 g)	喷雾	1		播种后至玉米4叶期前施	2
玉米	黏虫	S-氰戊菊酯**	5%乳油	10～20 mL (0.5～1 g)	喷雾	3	50		6
芝麻	一年生禾本科杂草	精喹禾灵	5%乳油	50～60 mL	喷雾	1	—	禾本科杂草3～6叶期	9

* 根据NY/T 393—2013，该农药不允许在绿色食品生产中使用。

** 按照2015年对允许使用农药清单的修改单报批稿，该农药不允许在绿色食品生产中使用。

*** 按照2015年对允许使用农药清单的修改单报批稿，该农药允许在绿色食品生产中使用。

 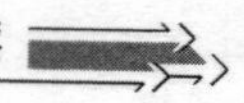

2.8 绿色食品农药残留要求

【标准原文】

7.1 绿色食品生产中允许使用的农药，其残留量应不低于 GB 2763 的要求。

7.2 在环境中长期残留的国家明令禁用农药，其再残留量应符合 GB 2763 的要求。

7.3 其他农药的残留量不得超过 0.01 mg/kg，并应符合 GB 2763 的要求。

【内容解读】

（1）国内外农药残留限量标准体系比较

农药残留是指由于农药的使用而残存于生物体、食品、农副产品、饲料和环境中的农药母体及其具有毒理学意义的代谢物、转化产物、反应物和杂质的总称。

目前，主要发达国家的农药残留标准法规体系几乎一致采用准许清单制。准许清单制的主要特点是除规定了部分农药在部分食品和饲料中的最高残留限量（MRL）标准外（包括正式标准和暂定标准），还有一个无需设定限量的农药清单和清单未涵盖的农药食品组合的默认标准，有的还有一个不得检出农药清单。按照准许清单制，有具体限量标准的，就是在该标准以内获得了残留准许，其他除豁免物质外的农药和食品（或饲料）都要按照非常严格的默认标准或不得检出执行。这样的标准体系充分考虑了食品安全优先原则，在理论上能够涵盖所有的农药和农产品及其加工品，没有明显的安全漏洞。

国际食品法典的农药残留限量标准体系为非准许清单制，仅仅制定了部分农药在部分农产品及其初加工品中的 MRL 标准，这是与国际食品法典委员会（CAC）的属性和宗旨及法典本身的定位相适应的。CAC 只是 FAO 和 WHO 设立的政府间国际组织，本身没有具体的司法管辖区，其宗旨是推动各国政府和非政府机构间在食品标准化领域的合作，保护消费者的健康和安全，并促进国际贸易的公平。它制定农药 MRL 标准主要是为了给成员国提供一个科学的参照，强调的是科学性和公正性，只有那些积累了充分科学依据的农药和农产品组合才制定标准；有严重的安全风险，不适宜使用的农药还要撤销标准。没有充分科学依据的农药和农产品组合不制定标准并不是说在这些方面不需要安全保护，而是为各成员国设定保护水平留下充分的自由度。

我国的农药残留标准体系不仅制定了部分农药在部分食品中的 MRL 标准，还结合农业部相关公告规定了禁用农药清单。

（2）食品中农药最大残留限量国家标准概况

我国的食品中农药最大残留限量国家标准已经整合为一个单一的标准，即《食品安全国家标准　食品中农药最大残留限量》（GB 2763）。这是一个强制性的标准，现行的版本 2014 年 3 月 20 日发布，2014 年 8 月 1 日起实施，规定了 387 种农药的 3 650 项限量指标。标准覆盖了谷物、油料和油脂、蔬菜、水果、坚果、糖料、饮料类、食用菌、调味料、药用植物、动物源食品等的 284 种（类）食品。

（3）2000 年版标准中残留限量规定的主要问题和解决思路

2000 年版标准仅第 5.2.2.5 条涉及残留要求，规定“有机合成农药在农产品中的最终残留应符合 GB 4285、GB 8321.1、GB 8321.2、GB 8321.3、GB 8321.4 和 GB/T 8321.5 的最高残留限量要求”。这个规定存在涵盖范围局限性，并与现行的食品安全国家标准不协调。且本次修订在允许使用农药和使用准则方面有较大变化，残留限量的规定也需要做相应调整。本次修订设立专门的章来规定农药残留要求；与 GB 2763、绿色食品允许使用农药清单及其使用规范充分协调；设立默认限量，保证涵盖范围的广泛性。

（4）绿色食品产品标准中的农药残留限量标准

在大多数的绿色食品产品标准（特别是种植业产品标准）中还有几种到十几种农药的残留限量指标，共有 526 项残留限量标准。

（5）绿色食品生产中允许使用农药的残留要求

绿色食品生产中允许使用农药的清单由标准的附录 A 给出。标准第 7.1 条规定：“绿色食品生产中允许使用的农药，其残留量应不低于 GB 2763 的要求”。这一规定主要基于 4 方面的考虑：一是 GB 2763 是强制性国家标准，绿色食品也不能例外，必须符合；二是列入绿色食品生产中允许使用农药清单的农药，按照常规的规范使用，按照食品安全国家标准控制残留，其国家估计每日摄入量已经可以控制在 ADI 的 20%以内，膳食风险已经很低；三是农药残留限量标准和使用规范都应该基于生产上的技术必要性和风险评估结果，并相互协调，现行的农药残留国家标准总体上有基本的风险评估基础，在按照同样的规范使用的条件下，没有充分的科学依据不宜改变限量标准；四是有害生物防治对农药的需求是动态变化的，风险评估结果的可靠性和准确性也是相对的，如果有更多新的科学依据，在具体产品标准制定时，允许针对特定的农药制定更严的残留限量标准。

（6）国家禁用的环境中长残留农药的残留要求

现行的“关于持久性有机污染物的斯德哥尔摩公约”规定的在全世界范围内禁用或严格限用的持久性有机污染物中，包括了艾氏剂、狄氏剂、氯丹、六六六（含α和β二种异构体）、滴滴涕、异狄氏剂、七氯、硫丹、灭蚁灵、毒杀酚、林丹、六氯苯、十氯酮 13 种农药。中国作为该公约的缔约方，已经批准了公约并承担相应义务。农业部公告第 199 号也将六六六、滴滴涕、毒杀芬、艾氏剂和狄氏剂列为禁用。而在 GB 2763—2014 中，制定了再残留限量的有艾氏剂、狄氏剂、氯丹、六六六、滴滴涕、异狄氏剂、七氯、灭蚁灵、毒杀酚、林丹 10 种农药，硫丹是新禁用的农药，在 GB 2763—2014 中为临时限量。综合分析上述相关依据，目前“在环境中长期残留的国家明令禁用农药”应包括艾氏剂、狄氏剂、氯丹、六六六（含α和β二种异构体）、滴滴涕、异狄氏剂、七氯、硫丹、灭蚁灵、毒杀酚、林丹、六氯苯、十氯酮 13 种农药。

标准第 7.2 条规定：“在环境中长期残留的国家明令禁用农药，其再残留量应符合 GB 2763 的要求”。这一规定主要基于两方面的考虑：一是这些在环境中长期残留的国家明令禁用农药在常规的食用农产品和绿色食品生产中均不允许使用，现有国家食品安全标准中的再残留限量是基于农田中原有的污染现状制定的，且膳食风险可接受；二是 GB 2763 是强制性国家标准，绿色食品也不能例外，必须符合。

（7）其他农药的残留要求

此处的“其他农药”是指除标准附录 A 中列出的允许使用农药和 13 种在环境中长期残留的国家明令禁用农药之外的其他农药，包括目前我国登记使用的 400 多种农药（约占我国登记使用农药有效成分的 2/3），也包括没有在我国登记使用的其他农药。

标准第 7.3 条规定：“其他农药的残留量不得超过 0.01 mg/kg，并应符合 GB 2763 的要求”。这一规定主要基于 5 方面的考虑：一是对这部分农药设定默认限量，充分体现绿色食品有更高的质量安全要求。二是欧盟和日本等发达国家的农药残留标准体系中的残留默认值就是 0.01 mg/kg，这是基于毒性最强农药的毒理学关注阈值推导的，各种农药的残留在这个限量以内，消费者的健康风险能够得到很好的控制。三是 0.01 mg/kg 与目前大多数农药的残留检测方法能达到的检出限水平相当。四是这些“其他农药”在绿色食品生产中没有直接使用的情况下，虽然不能完全排除来源于空气漂移和环境污染的微量接触，但在绿色食品中的残留量应该是非常微量的；如果违规直接使用（在作物生长季的中后期），则产品中的残留很可能会超过 0.01 mg/kg。因此，设立这一默认限量可以对未允许使用农药的违规使用起到监控作用。五是 GB 2763 中个别农药的残留限量可能会低于 0.01 mg/kg（如硫线磷在柑橘和甘蔗等产品中的限量为 0.005 mg/kg），为确保与食品安全国家标准协调，此条也加了一个补充要求，即“并应符合 GB 2763 的要求”。

【实际操作】

(1) 确定残留限量的步骤

在明确目标绿色食品产品的名称和级别（A 级或 AA 级）及目标农药通用名称［必要时参阅《农药中文通用名称》（GB 4839）］的基础上，参照图 2-3 的绿色食品农药残留限量标准确定树，按下列步骤来确定绿色食品农药残留限量：

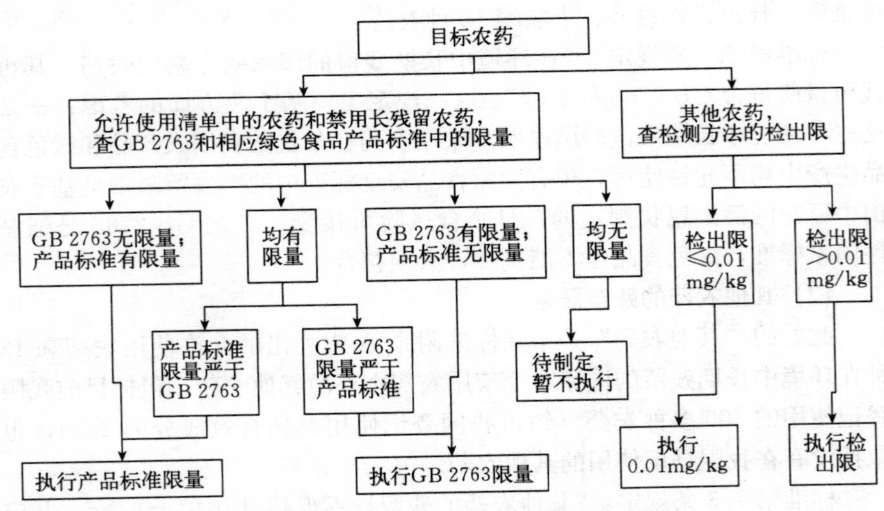

图 2-3 绿色食品农药残留限量标准确定树

① 明确是否为 2 个清单内农药。对照 NY/T 393—2013 附录 A 的绿色食品生产允许使用的农药和其他植保产品清单及在环境中长期残留的国家明令禁用农药清单［包括艾氏剂、狄氏剂、氯丹、六六六（含 α 和 β 二种异构体）、滴滴涕、异狄氏剂、七氯、硫丹、灭蚁灵、毒杀酚、林丹、六氯苯、十氯酮 13 种农药］。

② 清单内农药残留限量的确定。查询 GB 2763 中的残留限量：特定农药残留限量的查询可直接从标准的目次找到相应农药，并结合附录 A 的食品类别找出适用的限量值；要查出某一种产品的所有限量值，必须先

查附录A中的食品类别，找到相应的产品以及该产品所在的上几级分类的类别。再从标准正文中把针对该产品及其上几级分类的类别设定残留限量的农药及其限量值都查找出来。

查询绿色食品产品标准中的残留限量：从目标产品适用的绿色食品产品标准（参阅《绿色食品产品适用标准目录》）中，找出目标产品的农药残留限量。

确定残留限量：相应绿色食品产品标准和GB 2763中都有限量规定的，按严的执行；只有其中之一有限量规定的，按该限量执行；都没有限量的，暂不执行，等待限量制定。

③ 清单外农药残留限量的确定。查GB 2763中的限量及其所用检测方法的检出限，限量＜0.01 mg/kg的，按照该限量执行；所用检测方法的检出限＞0.01 mg/kg的，按该检出限执行（在今后的绿色食品产品标准制修订时，如有其他标准方法的检出限能达到0.01 mg/kg的，建议尽量采用）；其他按0.01 mg/kg执行。

(2) 实例分析

① A级绿色食品普通白菜的农药残留限量。A级绿色食品普通白菜的农药残留限量及其确定依据如表2-16所示。在《食品安全国家标准 食品中农药最大残留限量》（GB 2763—2014）中，有70种农药的残留限量涵盖普通白菜。《绿色食品 绿叶类蔬菜》（NY/T 743—2012）规定了11种农药的残留限量，均适用于普通白菜，其中5种农药在GB 2763—2014也有限量规定。在2个标准涵盖的76种农药中，是绿色食品生产允许使用农药清单中有20种，是在环境中长期残留的国家明令禁用农药清单中有9种。在29种清单内农药中，有1种在GB 2763—2014和NY/T 743—2012中的限量一致，同时执行；7种农药执行NY/T 743—2012中的限量；21种农药执行GB 2763—2014中的限量。47种清单外农药中，33种农药执行0.01 mg/kg的默认限量，12种农药由于检测标准方法的灵敏度无法达到0.01 mg/kg的默认限量，暂时以检出限（0.02～0.09 mg/kg）作为限量的执行标准，另有2种农药因没有适用的检测方法标准，暂不确定限量。

② A级绿色食品苹果的农药残留限量。A级绿色食品苹果的农药残留限量及其确定依据如表2-17所示。在《食品安全国家标准 食品中农药最大残留限量》（GB 2763—2014）中，有150种农药的残留限量涵盖苹果。《绿色食品 温带水果》（NY/T 844—2010）规定了16种农药的残留限量，均适用于苹果，并在GB 2763—2014也有限量规定。在2个标准

表 2-16 A 级绿色食品普通白菜农药残留限量确定表

农药通用名	残留物	GB 2763—2014		NY/T 743—2012 中限量（mg/kg）	在绿色食品允许使用清单中	国家禁用的长残留农药	检出限（方法标准号）（mg/kg）	执行限量（mg/kg）
		限量（mg/kg）	设定限量的食品类别					
阿维菌素	阿维菌素	0.05	普通白菜				0.01（SN/T 2114—2008）	0.01
艾氏剂	艾氏剂	0.05	叶菜类			是		0.05
百草枯	百草枯阳离子，以二氯百草枯表示	0.05	叶菜类				0.02（SN 0340—1995）	0.02
百菌清	百菌清	5	普通白菜	0.5			0.000 3（NY/T 761—2008）	0.01
保棉磷	保棉磷	0.5	蔬菜（花椰菜、番茄、甜椒、黄瓜、马铃薯除外）				0.09（NY/T 761—2008）	0.09
倍硫磷	倍硫磷	0.05	叶菜类				0.013（GB/T 20769—2008）	0.02
苯醚甲环唑	苯醚甲环唑			0.1			0.037 5（GB/T 19648—2006）	0.04
苯线磷	苯线磷及其氧类似物（亚砜、砜化合物）之和，以苯线磷表示	0.02	叶菜类				0.000 05（GB/T 20769—2008）	0.01
吡虫啉	吡虫啉			0.1	是			0.1

（续）

农药通用名	残留物	GB 2763—2014		NY/T 743—2012 中限量（mg/kg）	在绿色食品允许使用清单中	国家禁用的长残留农药	检出限（方法标准号）（mg/kg）	执行限量（mg/kg）
		限量（mg/kg）	设定限量的食品类别					
虫酰肼	虫酰肼	10	叶菜类（大白菜、菠菜除外）				0.006 95（GB/T 20769—2008）	0.01
哒螨灵	哒螨灵			0.1			0.003 04（GB/T 20769—2008）	0.01
滴滴涕	滴滴涕	0.05	叶菜类			是		0.05
狄氏剂	狄氏剂	0.05	叶菜类			是		0.05
敌百虫	敌百虫	0.1	普通白菜				0.000 28（GB/T 20769—2008）	0.01
敌敌畏	敌敌畏	0.2	叶菜类（大白菜除外）				0.000 14（GB/T 20769—2008）	0.01
地虫硫磷	地虫硫磷	0.01	叶菜类				0.001 86（GB/T 20769—2008）	0.01
丁硫克百威	丁硫克百威	0.05	普通白菜				0.000 4（GB/T 23205—2008）	0.01
啶虫脒	啶虫脒	1	普通白菜	0.1	是			0.1
毒杀芬	毒杀芬	0.05 *	叶菜类			是		0.05
毒死蜱*	毒死蜱	0.1	普通白菜	0.05	是			0.05
对硫磷	对硫磷	0.01	叶菜类					0.01
多菌灵	多菌灵			0.1	是			0.1
多杀霉素	多杀霉素	10	叶菜类（芹菜除外）		是			10
二甲戊灵	二甲戊灵	0.2	普通白菜		是			0.2

（续）

农药通用名	残留物	GB 2763—2014		NY/T 743—2012 中限量（mg/kg）	在绿色食品允许使用清单中	国家禁用的长残留农药	检出限（方法标准号）（mg/kg）	执行限量（mg/kg）
		限量（mg/kg）	设定限量的食品类别					
二嗪磷	二嗪磷	0.2	普通白菜				0.000 18（GB/T 20769—2008）	0.01
伏杀硫磷	伏杀硫磷	1	普通白菜				0.012 01（GB/T 20769—2008）	0.02
氟胺氰菊酯	氟胺氰菊酯	0.5	普通白菜				0.002（NY/T 761—2008）	0.01
氟苯脲	氟苯脲	0.5	普通白菜				0.02（NY/T 1453—2007）	0.02
氟虫腈	氟虫腈、氟甲腈之和	0.02	普通白菜				0.000 79（GB/T 20769—2008）	0.01
氟氯氰菊酯和高效氟氯氰菊酯	氟氯氰菊酯（异构体之和）	0.5	普通白菜				0.075（GB/T 19648—2006）	0.08
腐霉利	腐霉利			0.2	是			0.2
甲胺磷	甲胺磷	0.05	叶菜类				0.001 23（GB/T 20769—2008）	0.01
甲拌磷	甲拌磷其氧类似物（亚砜、砜）之和，以甲拌磷表示	0.01	叶菜类					0.01
甲基对硫磷	甲基对硫磷	0.02	叶菜类				0.02（NY/T 761—2008）	0.02
甲基硫环磷	甲基硫环磷	0.03 *	叶菜类				0.03（NY/T 761—2008）	0.03
甲基异柳磷	甲基异柳磷	0.01 *	叶菜类				0.004（GB/T 5009.144—2003）	0.01
甲萘威	甲萘威	1	叶菜类				0.002 58（GB/T 20769—2008）	0.01
甲氰菊酯	甲氰菊酯	1	普通白菜		是			1

（续）

农药通用名	残留物	GB 2763—2014		NY/T 743—2012 中限量（mg/kg）	在绿色食品允许使用清单中	国家禁用的长残留农药	检出限（方法标准号）（mg/kg）	执行限量（mg/kg）
		限量（mg/kg）	设定限量的食品类别					
久效磷	久效磷	0.03	叶菜类				0.03（NY/T 761—2008）	0.03
克百威	克百威及三羟基克百威之和，以克百威表示	0.02	叶菜类				0.003 27（GB/T 20769—2008）	0.01
乐果	乐果	1*	普通白菜				0.001 9（GB/T 20769—2008）	0.01
磷胺	磷胺	0.05	叶菜类				0.000 97（GB/T 20769—2008）	0.01
硫环磷	硫环磷	0.03*	叶菜类				0.000 12（GB/T 20769—2008）	0.01
六六六	六六六之和	0.05	叶菜类			是		0.05
螺虫乙酯	螺虫乙酯	7*	叶菜类（芹菜除外）		是			7
氯虫苯甲酰胺	氯虫苯甲酰胺	20*	叶菜类（芹菜除外）		是			20
氯丹	植物源食品为顺式氯丹和反式氯丹之和	0.02	叶菜类			是		0.02
氯氟氰菊酯和高效氯氟氰菊酯	氯氟氰菊酯（异构体之和）	2	普通白菜	0.2	是			0.2
氯菊酯	氯菊酯（异构体之和）	1	叶菜类（菠菜、结球莴苣、芹菜、大白菜除外）		是			1

（续）

农药通用名	残留物	GB 2763—2014		NY/T 743—2012 中限量（mg/kg）	在绿色食品允许使用清单中	国家禁用的长残留农药	检出限（方法标准号）（mg/kg）	执行限量（mg/kg）
		限量（mg/kg）	设定限量的食品类别					
氯氰菊酯和高效氯氰菊酯	氯氰菊酯（异构体之和）	2	普通白菜	2	是			2
氯唑磷	氯唑磷	0.01*	叶菜类				0.000 04（GB/T 20769—2008）	0.01
马拉硫磷	马拉硫磷	8	普通白菜				0.001 41（GB/T 20769—2008）	0.01
醚菊酯**	醚菊酯	1	普通白菜				0.01（SN/T 2151—2008）	0.01
嘧霉胺	嘧霉胺			0.5	是			0.5
灭线磷	灭线磷	0.02	叶菜类				0.000 69（GB/T 20769—2008）	0.01
灭蚁灵	灭蚁灵	0.01	叶菜类			是		0.01
内吸磷	内吸磷	0.02	叶菜类				0.001 69（GB/T 20769—2008）	0.01
七氯	七氯与环氧七氯之和	0.02	叶菜类			是		0.02
氰戊菊酯和S-氰戊菊酯*	氰戊菊酯（异构体之和）	1	普通白菜		是（仅S-氰戊菊酯）			1
炔螨特	炔螨特	2	普通白菜				0.017 15（GB/T 20769—2008）	0.02
杀虫脒	杀虫脒	0.01*	叶菜类				0.000 66（GB/T 20769—2008）	0.01
杀螟硫磷	杀螟硫磷	0.5*	叶菜类				0.006 7（GB/T 20769—2008）	0.01
双炔酰菌胺	双炔酰菌胺	25*	叶菜类（芹菜除外）		是			25

（续）

农药通用名	残留物	GB 2763—2014		NY/T 743—2012 中限量（mg/kg）	在绿色食品允许使用清单中	国家禁用的长残留农药	检出限（方法标准号）（mg/kg）	执行限量（mg/kg）
		限量（mg/kg）	设定限量的食品类别					
四聚乙醛	四聚乙醛	3 *	普通白菜		是			3
特丁硫磷	特丁硫磷及其氧类似物（亚砜和砜）之和，以特丁硫磷表示	0.01	叶菜类					0.01
涕灭威	涕灭威及其氧类似物（亚砜、砜）之和，以涕灭威表示	0.03	叶菜类				0.005 35（NY/T 1434—2007）	0.01
辛硫磷	辛硫磷	0.1	普通白菜		是			0.1
溴氰菊酯	溴氰菊酯（异构体之和）	0.5	普通白菜				0.001（NY/T 761—2008）	0.01
氧乐果	氧乐果	0.02	叶菜类				0.002 41（GB/T 20769—2008）	0.01
乙酰甲胺磷	乙酰甲胺磷	1	叶菜类				0.03（NY/T 761—2008）	0.03
异狄氏剂	异狄氏剂与异狄氏剂醛、酮之和	0.05	叶菜类			是		0.05
茚虫威	茚虫威	2	普通白菜		是			2
蝇毒磷	蝇毒磷	0.05	叶菜类				0.000 53（GB/T 20769—2008）	0.01
治螟磷	治螟磷	0.01	叶菜类				0.000 65（GB/T 20769—2008）	0.01

* 按照2015年对允许使用农药清单的修改单报批稿，该农药将不允许在绿色食品生产中使用，限量也将执行0.01 mg/kg。

** 按照2015年对允许使用农药清单的修改单报批稿，该农药将允许在绿色食品生产中使用，限量也将执行1 mg/kg。

表 2-17 A级绿色食品苹果农药残留限量确定表

农药通用名	残留物	GB 2763—2014 限量（mg/kg）	GB 2763—2014 设定限量的食品类别	NY/T 844—2010 中限量（mg/kg）	在绿色食品允许使用清单中	国家禁用的长残留农药	检出限（方法标准号）（mg/kg）	执行限量（mg/kg）
2，4-滴和2，4-滴钠盐	2，4-滴	0.01	仁果类水果		是			0.01
阿维菌素	阿维菌素	0.02	苹果				0.01（SN/T 2114—2008）	0.01
艾氏剂	艾氏剂	0.05	仁果类水果			是		0.05
百草枯	百草枯阳离子，以二氯百草枯表示	0.05	苹果				0.02（SN 0340—1995）	0.02
百菌清	百菌清	1	苹果	1			0.000 3（NY/T 761—2008）	0.01
保棉磷	保棉磷	2	苹果				0.09（NY/T 761—2008）	0.09
倍硫磷	倍硫磷	0.05	仁果类水果	0.02			0.013（GB/T 20769—2008）	0.02
苯丁锡	苯丁锡	5	苹果		是			5
苯氟磺胺	苯氟磺胺	5	苹果				0.01（SNT 2320—2009）	0.01
苯醚甲环唑	苯醚甲环唑	0.5	苹果				0.037 5（GB/T 19648—2006）	0.04
苯线磷	苯线磷及其氧类似物（亚砜、砜化合物）之和，以苯线磷表示	0.02	仁果类水果				0.000 05（GB/T 20769—2008）	0.01
吡草醚	吡草醚	0.03	苹果				0.012 5（GB/T 19648—2006）	0.02
吡虫啉	吡虫啉	0.5	苹果		是			0.5

（续）

农药通用名	残留物	GB 2763—2014		NY/T 844—2010 中限量（mg/kg）	在绿色食品允许使用清单中	国家禁用的长残留农药	检出限（方法标准号）（mg/kg）	执行限量（mg/kg）
		限量（mg/kg）	设定限量的食品类别					
吡唑醚菌酯	吡唑醚菌酯	0.5	苹果		是			0.5
丙环唑	丙环唑	0.1	苹果		是			0.1
丙森锌	二硫代氨基甲酸盐（酯），以二硫化碳表示	5	苹果		有同类残留物的其他农药允许使用			5
丙溴磷*	丙溴磷	0.05	苹果		是			0.05
草甘膦	草甘膦	0.5	苹果		是			0.5
虫螨腈	虫螨腈		苹果				0.007（NY/T 1379—2007）	0.01
虫酰肼	虫酰肼	1	仁果类水果				0.006 95（GB/T 20769—2008）	0.01
除虫脲	除虫脲	2	苹果		是			2
哒螨灵	哒螨灵	2	苹果				0.003 04（GB/T 20769—2008）	0.01
代森铵	二硫代氨基甲酸盐（酯），以二硫化碳表示	5*	苹果		有同类残留物的其他农药允许使用			5
代森联	二硫代氨基甲酸盐（酯），以二硫化碳表示	5	苹果		是			5

（续）

农药通用名	残留物	GB 2763—2014		NY/T 844—2010 中限量（mg/kg）	在绿色食品允许使用清单中	国家禁用的长残留农药	检出限（方法标准号）（mg/kg）	执行限量（mg/kg）
		限量（mg/kg）	设定限量的食品类别					
代森锰锌	二硫代氨基甲酸盐（酯），以二硫化碳表示	5	苹果		是			5
单甲脒和单甲脒盐酸盐	单甲脒	0.5	苹果				0.025（GB/T 5009.160—2003）	0.03
滴滴涕	滴滴涕	0.05	仁果类水果	0.05		是		0.05
狄氏剂	狄氏剂	0.02	仁果类水果			是		0.02
敌百虫	敌百虫	0.2	仁果类水果	0.1			0.000 28（GB/T 20769—2008）	0.01
敌草快	敌草快	0.1	苹果				0.005（GB/T 5009.221—2008）	0.01
敌敌畏	敌敌畏	0.2	仁果类水果	0.2			0.000 14（GB/T 20769—2008）	0.01
地虫硫磷	地虫硫磷	0.01	仁果类水果				0.001 86（GB/T 20769—2008）	0.01
丁硫克百威	丁硫克百威	0.2	苹果				0.000 4（GB/T 23205—2008）	0.01
啶虫脒	啶虫脒	0.8	苹果		是			0.8
啶酰菌胺	啶酰菌胺	2	苹果		是			2
毒杀芬	毒杀芬	0.05*	仁果类水果			是		0.05
毒死蜱*	毒死蜱	1	苹果		是			1
对硫磷	对硫磷	0.01	仁果类水果	0.02			0.008（GB/T 5009.145—2003）	0.01
多果定	多果定	5	仁果类水果				0.2（SN 0500—1995）	0.2

（续）

农药通用名	残留物	GB 2763—2014		NY/T 844—2010 中限量（mg/kg）	在绿色食品允许使用清单中	国家禁用的长残留农药	检出限（方法标准号）（mg/kg）	执行限量（mg/kg）
		限量（mg/kg）	设定限量的食品类别					
多菌灵	多菌灵	3	苹果	0.5	是			0.5
多杀霉素	多杀霉素	0.1	苹果		是			0.1
多效唑	多效唑	0.5	苹果		是			0.5
噁唑菌酮	噁唑菌酮	0.2	苹果				0.011 32（GB/T 20769—2008）	0.02
二苯胺	二苯胺	5	苹果				0.000 1（GB/T 20769—2008）	0.01
二嗪磷	二嗪磷	0.3	仁果类水果				0.000 18（GB/T 20769—2008）	0.01
伏杀硫磷	伏杀硫磷	2	仁果类水果				0.012 01（GB/T 20769—2008）	0.02
氟苯脲	氟苯脲	1	仁果类水果				0.02（NY/T 1453—2007）	0.02
氟虫脲	氟虫脲	1	苹果		是			1
氟啶虫酰胺	氟啶虫酰胺	1*	苹果		是			1
氟硅唑	氟硅唑	0.2	苹果				0.000 15（GB/T 20769—2008）	0.01
氟环唑	氟环唑	0.5	苹果		是			0.5
氟氯氰菊酯和高效氟氯氰菊酯	氟氯氰菊酯（异构体之和）	0.5	苹果				0.002（NY/T 761—2008）	0.01
氟氰戊菊酯	氟氰戊菊酯	0.5	苹果				0.001（NY/T 761—2008）	0.01

（续）

农药通用名	残留物	GB 2763—2014 限量（mg/kg）	GB 2763—2014 设定限量的食品类别	NY/T 844—2010中限量（mg/kg）	在绿色食品允许使用清单中	国家禁用的长残留农药	检出限（方法标准号）（mg/kg）	执行限量（mg/kg）
福美双	二硫代氨基甲酸盐（或酯），以二硫化碳表示	5	苹果		有同类残留物的其他农药允许使用			5
福美锌	二硫代氨基甲酸盐（或酯），以二硫化碳表示	5	苹果		有同类残留物的其他农药允许使用			5
己唑醇	己唑醇	0.5	苹果				0.037 5（GB/T 19648—2006）	0.04
甲胺磷	甲胺磷	0.05	仁果类水果				0.001 23（GB/T 20769—2008）	0.01
甲拌磷	甲拌磷其氧类似物（亚砜、砜）之和，以甲拌磷表示	0.01	仁果类水果	0.02				0.01
甲苯氟磺胺	甲苯氟磺胺	5	仁果类水果				0.15（GB/T 19648—2006）	0.2
甲基对硫磷	甲基对硫磷	0.01	苹果					0.01
甲基硫环磷	甲基硫环磷	0.03＊	仁果类水果				0.03（NY/T 761—2008）	0.03
甲基硫菌灵	甲基硫菌灵和多菌灵之和，以多菌灵表示	3	苹果		是			3

（续）

农药通用名	残留物	GB 2763—2014		NY/T 844—2010中限量（mg/kg）	在绿色食品允许使用清单中	国家禁用的长残留农药	检出限（方法标准号）（mg/kg）	执行限量（mg/kg）
		限量（mg/kg）	设定限量的食品类别					
甲基异柳磷	甲基异柳磷	0.01*	仁果类水果				0.004（GB/T 5009.144—2003）	0.01
甲氰菊酯	甲氰菊酯	5	仁果类水果		是			5
甲霜灵和精甲霜灵	甲霜灵	1	仁果类水果		是			1
甲氧虫酰肼	甲氧虫酰肼	3	苹果				0.000 93（GB/T 20769—2008）	0.01
腈苯唑	腈苯唑	0.1	仁果类水果		是			0.1
腈菌唑	腈菌唑	0.5	苹果		是			0.5
久效磷	久效磷	0.03	仁果类水果				0.03（NY/T 761—2008）	0.03
抗蚜威	抗蚜威	1	仁果类水果		是			1
克百威	克百威及三羟基克百威之和，以克百威表示	0.02	仁果类水果				0.003 27（GB/T 20769—2008）	0.01
克菌丹	克菌丹	15	苹果		是			15
乐果	乐果	1*	苹果	0.5			0.001 9（GB/T 20769—2008）	0.01
联苯肼酯	联苯肼酯	0.2	苹果		是			0.2

（续）

农药通用名	残留物	GB 2763—2014 限量（mg/kg）	GB 2763—2014 设定限量的食品类别	NY/T 844—2010 中限量（mg/kg）	在绿色食品允许使用清单中	国家禁用的长残留农药	检出限（方法标准号）（mg/kg）	执行限量（mg/kg）
联苯菊酯	联苯菊酯	0.5	苹果		是			0.5
联苯三唑醇	联苯三唑醇	2	仁果类水果				0.008 35（GB/T 20769—2008）	0.01
磷胺	磷胺	0.05	仁果类水果				0.000 97（GB/T 20769—2008）	0.01
硫丹	α-硫丹、β-硫丹及硫丹硫酸酯之和	1 *	苹果			是		1
硫环磷	硫环磷	0.03 *	仁果类水果				0.000 12（GB/T 20769—2008）	0.01
六六六	六六六之和	0.05	仁果类水果	0.05		是		0.05
螺虫乙酯	螺虫乙酯	0.7 *	仁果类水果		是			0.7
氯苯嘧啶醇	氯苯嘧啶醇	0.3	苹果				0.000 15（GB/T 20769—2008）	0.01
氯虫苯甲酰胺	氯虫苯甲酰胺	2 *	苹果		是			2
氯丹	植物源食品为顺式氯丹和反式氯丹之和	0.02	仁果类水果			是		0.02
氯氟氰菊酯和高效氯氟氰菊酯	氯氟氰菊酯（异构体之和）	0.2	苹果		是			0.2

（续）

农药通用名	残留物	GB 2763—2014		NY/T 844—2010中限量（mg/kg）	在绿色食品允许使用清单中	国家禁用的长残留农药	检出限（方法标准号）（mg/kg）	执行限量（mg/kg）
		限量（mg/kg）	设定限量的食品类别					
氯菊酯	氯菊酯（异构体之和）	2	仁果类水果		是			2
氯氰菊酯和高效氯氰菊酯	氯氰菊酯（异构体之和）	2	苹果		是			2
氯唑磷	氯唑磷	0.01 *	仁果类水果				0.000 04（GB/T 20769—2008）	0.01
马拉硫磷	马拉硫磷	2	苹果	0.03			0.001 41（GB/T 20769—2008）	0.01
咪鲜胺和咪鲜胺锰盐	咪鲜胺及其含有2、4、16-三氯苯酚部分的代谢产物之和，以咪鲜胺表示	2	苹果				0.000 52（GB/T 20769—2008）	0.01
醚菊酯**	醚菊酯	0.6	苹果				0.006 3（GB/T 19648—2006）	0.01
醚菌酯	醚菌酯	0.2	苹果		是			0.2
嘧霉胺	嘧霉胺	7	仁果类水果（梨除外）		是			7
灭多威	灭多威	2	苹果				0.002 39（GB/T 20769—2008）	0.01
灭菌丹	灭菌丹	10	苹果				0.034 65（GB/T 20769—2008）	0.04
灭线磷	灭线磷	0.02	仁果类水果				0.000 69（GB/T 20769—2008）	0.01

（续）

农药通用名	残留物	GB 2763—2014		NY/T 844—2010 中限量（mg/kg）	在绿色食品允许使用清单中	国家禁用的长残留农药	检出限（方法标准号）（mg/kg）	执行限量（mg/kg）
		限量（mg/kg）	设定限量的食品类别					
灭蚁灵	灭蚁灵	0.01	仁果类水果			是		0.01
萘乙酸和萘乙酸钠	萘乙酸	0.1	苹果		是			0.1
内吸磷	内吸磷	0.02	仁果类水果				0.001 69（GB/T 20769—2008）	0.01
宁南霉素	宁南霉素	1*	苹果		是			1
七氯	七氯与环氧七氯之和	0.01	仁果类水果			是		0.01
嗪氨灵	嗪氨灵与三氯乙醛之和，以嗪氨灵表示	2	苹果				0.02（SN 0695—1997）	0.02
氰戊菊酯和S-氰戊菊酯*	氰戊菊酯（异构体之和）	1	苹果	0.2	是（仅S-氰戊菊酯）			0.2
炔螨特	炔螨特	5	苹果				0.017 15（GB/T 20769—2008）	0.02
噻虫啉	噻虫啉	0.7	仁果类水果		是			0.7
噻菌灵	噻菌灵	3	仁果类水果		是			3
噻螨酮	噻螨酮	0.5	苹果		是			0.5
三氯杀螨醇	三氯杀螨醇（异构体之和）	1	苹果				0.000 45（GB/T 20769—2008）	0.01

（续）

农药通用名	残留物	GB 2763—2014		NY/T 844—2010 中限量（mg/kg）	在绿色食品允许使用清单中	国家禁用的长残留农药	检出限（方法标准号）（mg/kg）	执行限量（mg/kg）
		限量（mg/kg）	设定限量的食品类别					
三氯杀螨砜	三氯杀螨醇（异构体之和）	2	苹果				0.007（NY/T 1397—2007）	0.01
三乙膦酸铝	乙基磷酸和亚磷酸及其盐之和，以乙基磷酸表示	30 *	苹果		是			30
三唑醇	三唑醇	0.3	苹果		是			0.3
三唑磷	三唑磷	0.2	苹果				0.000 17（GB/T 20769—2008）	0.01
三唑酮	三唑酮	1	苹果	0.2	是			0.2
三唑锡	三环锡	0.5	苹果				0.002 0（SN/T 1990—2007）	0.01
杀草强	杀草强	0.05	仁果类水果				0.010（SN/T 1737.6—2010）	0.01
杀虫单	沙蚕毒素	1	苹果				0.01（SN 0345—1995）	0.01
杀虫脒	杀虫脒	0.01 *	仁果类水果				0.000 66（GB/T 20769—2008）	0.01
杀铃脲	杀铃脲	0.1	苹果				0.000 98（GB/T 20769—2008）	0.01
杀螟硫磷	杀螟硫磷	0.5 *	仁果类水果	0.2			0.006 7（GB/T 20769—2008）	0.01
双甲脒	双甲脒及甲基甲脒之和，以双甲脒表示	0.5	苹果				0.02（GB/T 5009.143—2003）	0.02

（续）

农药通用名	残留物	GB 2763—2014		NY/T 844—2010中限量（mg/kg）	在绿色食品允许使用清单中	国家禁用的长残留农药	检出限（方法标准号）（mg/kg）	执行限量（mg/kg）
		限量（mg/kg）	设定限量的食品类别					
水胺硫磷	水胺硫磷	0.01	苹果					0.01
四螨嗪	四螨嗪	0.5	苹果		是			0.5
特丁硫磷	特丁硫磷及其氧类似物（亚砜和砜）之和，以特丁硫磷表示	0.01	仁果类水果					0.01
涕灭威	涕灭威及其氧类似物（亚砜、砜）之和，以涕灭威表示	0.02	仁果类水果				0.009（NY/T 761—2008）	0.01
肟菌酯	肟菌酯	0.7	苹果				0.000 5（GB/T 20769—2008）	0.01
戊菌唑	戊菌唑	0.2	仁果类水果				0.000 5（GB/T 20769—2008）	0.01
戊唑醇	戊唑醇	2	苹果		是			2
烯唑醇	烯唑醇	0.2	苹果				0.000 34（GB/T 20769—2008）	0.01
辛硫磷	辛硫磷	0.05	仁果类水果		是			0.05
溴螨酯	溴螨酯	2	苹果				0.012 5（GB/T 19648—2006）	0.02
溴氰菊酯	溴氰菊酯（异构体之和）	0.1	苹果	0.1			0.001（NY/T 761—2008）	0.01

（续）

农药通用名	残留物	GB 2763—2014		NY/T 844—2010 中限量（mg/kg）	在绿色食品允许使用清单中	国家禁用的长残留农药	检出限（方法标准号）（mg/kg）	执行限量（mg/kg）
		限量（mg/kg）	设定限量的食品类别					
蚜灭磷	蚜灭磷	1	苹果				0.001 14（GB/T 20769—2008）	0.01
亚胺硫磷	亚胺硫磷	3	仁果类水果				0.004 43（GB/T 20769—2008）	0.01
氧乐果	氧乐果	0.02	仁果类水果	0.02			0.002 41（GB/T 20769—2008）	0.01
乙烯利	乙烯利	5	苹果		是（仅生化产物）			5
乙酰甲胺磷	乙酰甲胺磷	0.5	仁果类水果				0.03（NY/T 761—2008）	0.03
异狄氏剂	异狄氏剂与异狄氏剂醛、酮之和	0.05	仁果类水果			是		0.05
异菌脲	异菌脲	5	苹果		是			5
抑霉唑	抑霉唑	5	仁果类水果		是			5
蝇毒磷	蝇毒磷	0.05	仁果类水果				0.000 53（GB/T 20769—2008）	0.01
治螟磷	治螟磷	0.01	仁果类水果				0.000 65（GB/T 20769—2008）	0.01
唑螨酯	唑螨酯	0.3	苹果		是			0.3

* 按照2015年对允许使用农药清单的修改单报批稿，该农药将不允许在绿色食品生产中使用，限量也将执行0.01 mg/kg。

** 按照2015年对允许使用农药清单的修改单报批稿，该农药将允许在绿色食品生产中使用，限量也将执行0.6 mg/kg。

涵盖的150种农药中，是绿色食品生产允许使用农药清单中有51种，是在环境中长期残留的国家明令禁用农药清单中有10种。在61种清单内农药中，有2种在GB 2763—2014和NY/T 743—2012中的限量一致，同时执行；3种农药执行NY/T 743—2012中的限量；56种农药执行GB 2763—2014中的限量。89种清单外农药中，56种农药执行0.01 mg/kg的默认限量；20种农药由于检测标准方法的灵敏度无法达到0.01 mg/kg的默认限量，暂时以检出限（0.02～0.2 mg/kg）作为限量的执行标准；4种农药（均为二硫代氨基甲酸盐或酯类）由于其残留物与允许使用农药相同，按同时该残留物的允许使用农药限量执行；另有9种农药因没有适用的检测方法标准，暂不确定限量。

第3章 生产实用技术

3.1 非农药防治技术

绿色食品生产中植物有害生物的防治应以保持和优化农业生态系统为基础，优先采用农业措施，尽量利用物理和生物措施，必要时合理使用低风险农药。充分利用非农药防治技术是合理用药的前提。

3.1.1 保持和优化农业生态系统

保持和优化农业生态系统是绿色食品生产有害生物防治的基础。通过调节环境条件，构建生物多样性，保持和优化农业生态系统来持续控制农业有害生物是一项系统工程，应伴随着绿色食品生产的整个过程，必须从宏观、长远和整体的角度来看待。最基本的方法主要是：

3.1.1.1 减少温室气体排放避免气候变化加剧

气候变化的原因既有自然的因素（包括内部进程和外部强迫），也有人为的因素（如对大气组分和土地利用的持续改变等）。正在发生的全球变暖会导致农业有害生物的发生区域扩大，危害时间延长，作物受害程度加重，从而增加农药的施用量。科学界对全球变暖原因的共识是：有90%以上的可能是人类自己的责任，人类今日所做的决定和选择，会影响气候变化的走向。在人为因素中，工业革命以来的人类活动（特别是发达国家工业化过程中的经济活动）带来的温室气体排放剧增是引起气候变暖的主要原因。因此，控制温室气体排放，抑制气候变暖趋势，是保持农业生态系统平衡，持续控制农业有害生物的重要条件。

3.1.1.2 调控农田微环境改善小气候

在长期的农业实践中，人们已经创造和总结出了多种调控农田微环境改善小气候的有效方法。如构建农田防护林降低风速；在雨水比较多的大环境下，采用架顶膜避雨等。

3.1.1.3　构建农田生态系统多样性

采取水陆生态微系统、林地农田、草地农田等交织共存的策略创造农田生态系统多样性，如在旱地条件下，通过挖塘贮水养鱼，创造水生环境，被称为庄稼保护者的蛙类会成倍增加，进而有效地控制害虫暴发；在农田一定范围内开辟林地，增加益鸟的数量可以减少害虫数量。

3.1.1.4　构建农田物种多样性

全面改变目前的作物单一种植模式，实行超常规带状间套轮作。在大片农田内，所有可互惠互利的作物，包括粮食作物、经济作物、饲料作物、蔬菜类、药用植物、花卉及果树、经济林木，还有培肥用的绿肥、具特定作用的陪植植物等，均以条带状相间套种植。间套轮作物不是限于一块农田，不再是几种，而是十几种到几十种直至上百种，不再有玉米带、棉花带、畜牧带等单一种植概念。这样在每一种物种周围同时又伴生了相当数量的其他生物，人工创造丰富的物种多样性。资料显示，多样性种植控制有害生物的效果很明显：在多作系统中害虫的种类数量比单一种植的少，天敌种类数量增多；在多作系统中病原群体结构复杂，优势病原小种不明显。如在一年生耕作系统中，作物轮作、间混套作等方式可以抑制杂草、病菌及害虫的发生危害。覆盖作物可以固定土壤，从而保持土壤养分、水分，提高水分入渗率和土壤保水能力，对整个农业生态系统起到稳定作用。果园内的覆盖作物，还可以增加有益节肢动物种群的数量，从而减少系统感染病虫害的机会，同时减少化学物质的使用。玉米和马铃薯套种，能有效地控制了玉米大小斑病和马铃薯晚疫病。将作物栽植和动物饲养综合在同一系统中可以构建出很好的物种多样性。如稻田养鱼和稻鸭共作模式中，田鱼和鸭子吃了稻田里的杂草及害虫，觅食时还搅动田水和泥土，为水稻根系生长提供氧气，免去了耘田除草，降低了农药的使用；田鱼和鸭子的排泄物给稻田施加有机肥料；而水稻则可以为田鱼和鸭子遮阳及提供食物。

3.1.1.5　构建农田种内遗传多样性

同田同种作物最大限度做到遗传基础异质。多品种混合种植或条带状相间种植，育种时要求选育多系品种。如将基因型不同的水稻品种间作于同一生产区域，由于遗传多样性增加，稻瘟病的发生比单品种种植明显减少。

3.1.2　优先采用农业措施

几千年的农业实践已经总结出了一系列控制作物有害生物的农业措施，如选用抗病虫品种、种子种苗检疫、轮作倒茬、间作套种、调整播种期、耕翻晒垡、清洁田园、培育壮苗、中耕除草、合理施肥、及时灌溉排水、适度整枝打杈、适时精细采收等。这些农业措施涉及作物布局、种植计划、产前管理、产中管理和产后管理的全过程。优先采用农业措施就是要在农业生产的各个环节优先考虑采用农业措施的可行性，并结合当时当地的实际情况和历史经验选择适用有效的农业措施。

3.1.2.1　作物布局环节

作物布局环节应考虑作物对本区域环境（包括气候、土壤、水资源等）的适应性，一般应在该作物的适宜区和次适宜区布局，否则就常会影响作物对病虫害的抵抗力。另外，在可能情况下，也要尽力避开重要病虫害的严重发生区或疫区。

3.1.2.2　种植计划环节

种植计划环节主要考虑选择对当地主要病虫害抗性好的品种，种子种苗的调运应按照当地检疫要求进行严格的检疫，对于有明显连作障碍的作物，应制订有效的轮作和间作套种计划，如主要病虫的侵染和发生危害有很强的季节性，应考虑是否能通过调整播种期，将作物的敏感生育期与病虫的主要发生侵染期错开。

3.1.2.3　产前管理环节

产前管理环节主要是对拟种植的田块进行清洁，除去田中的杂草和其他植物残体，集中用于沤制有机肥的；在可能情况下应留出时间进行耕翻晒垡，降低土壤中的病原菌和害虫的种群数量；培育无病壮苗，必要时采用脱毒组培技术。

3.1.2.4　产中管理环节

产中管理环节主要是采用合理的株行距，适度整枝打杈，控制冠层郁闭度；适时中耕除草，合理施肥，增施有机肥，避免偏施氮肥；及时灌溉排水，适当控制环境湿度等。

3.1.2.5 产后管理环节

产后管理环节主要是适时精细采收，避免损伤果蔬等生鲜产品，保持采后产品自身的生命力和抗病性；及时进行保鲜和干制的处理，保持适当的储运环境，避免日晒雨淋和病原菌污染等。

3.1.3 尽量利用物理和生物措施

物理和生物措施对特定的防治对象可以起到很好的防治效果，同时没有或很少有负面的影响。所以，如果对主要防治对象有适用的物理和生物措施，应尽量考虑选用。物理措施大多比较简单，但适用的防治对象比较广泛，如太阳辐射、热水、蒸汽、电、火等处理技术。生物措施则丰富多彩，特别是天敌种类非常多，其中部分天敌防治对象广泛，如捕食性蜘蛛等；但更多的天敌其防治对象有很强的专一性，如澳洲瓢虫仅捕食吹绵蚧。因此，利用物理和生物措施防治有害生物，必须先明确主要防治对象是什么，再选择适用于该防治对象的物理和生物措施，特别是天敌的种类。物理和生物措施的行动环节主要集中于产中，其次是产前和产后。多数情况下，适宜的行动时点稍早于化学措施或与化学措施相近。

3.1.3.1 产前管理环节

产前管理环节的物理和生物措施主要针对土传和种传病虫草害，其中针对土传病虫草害在产前进行的土壤处理可考虑利用太阳辐射、热水、蒸汽、电、火等物理处理技术，也可考虑利用木霉、芽孢杆菌、丛枝菌根菌等生物处理技术；针对种传的有害生物，可考虑采用晒种（太阳辐射）和温汤浸种等物理处理技术。

3.1.3.2 产中管理环节

产中管理环节是物理和生物措施防治作物有害生物的主体，特别是生物措施。如使用黄色黏虫板、黑光灯、频振式杀虫灯和高压电网灭虫器等诱杀害虫；采用网室、网罩阻止害虫进入等；铺地膜控制杂草；从外地或不同生境中引殖当地缺少的优势天敌种类，使其在当地繁殖，建立稳定的种群，提高天敌对害虫的自然控制力；从周边已经成熟或正在采收的作物上转移和助迁害虫天敌；进行害虫天敌的人工大量繁殖，或直接从天敌公司购买害虫天敌，在害虫种群上升需要防治时大量释放到农田中。

3.1.3.3　产后管理环节

产后管理环节主要针对农产品及其储运环境采取一些物理措施，如及时晾晒干制、紫外线杀菌、保鲜膜包裹、冷链或气调储运等。

3.1.4　必要时合理使用低风险农药

在生态、农业、物理和生物防治措施不是足够有效的场合，可考虑合理地使用一些低风险农药。但必须确保人员、产品和环境安全，并符合本标准第 5 章、第 6 章、第 7 章的规定。

3.2　农药合理使用技术

3.2.1　通过监测确定防治对象和适期

在总结历年发生规律的基础上，经常进行田间巡视，调查和监测有害生物的发生动态，分析预测发展趋势。在已经达到防治指标，或通过综合分析，预见到有害生物的发生将会对作物生产造成明显经济损失，又没有有效的非化学防治措施时，可考虑使用农药。

对于一般的有害生物，通常将达到防治指标，或预见到会对作物生产造成明显经济损失的有害生物确定为防治对象，而对于保护区发现检疫性病虫草害，则应立即确立为防治对象，及早采取防治措施，将其扑灭。确定防治对象后，应根据该防治对象的生物学特点和发生规律，将有害生物生命周期中的薄弱环节和关键控制点确定为防治适期。

3.2.2　选择农药品种和剂型

从该作物的绿色食品生产允许使用的农药清单中，选择对主要防治对象有效的农药品种和环保的剂型，提倡兼治和不同作用机理农药交替使用，避免不必要的多种农药混用。

3.2.2.1　农药选用的步骤和方法

（1）在申报绿色食品认证、安排生产计划和制定生产技术规程时，应按照《绿色食品　农药使用准则》的要求，针对具体作物确定允许使用的农药清单。并在这个清单的基础上，结合当地该作物常年病、虫、草等有害生物的发生危害情况，按照低风险和有效性原则制定主要防治对象的农药品种和剂型及其使用方法的选用方案。

（2）在绿色食品生产过程中，以上述的农药品种和剂型及其使用方法的选用方案为基础，根据有害生物的实际发生情况，按照综合防治原则、兼治优先原则、交替使用（不同作用机理农药）原则、不突破最多使用次数和安全间隔期原则，选定在特定情景下使用的具体农药产品（品种、剂型和生产厂家等）及其使用方法。

3.2.2.2　确定具体作物允许使用农药的方法

（1）明确要进行绿色食品生产的作物种类和绿色食品级别（A级或AA级）。

（2）利用中国农药信息网的“通过作物/防治对象查询产品”功能（http：//www.chinapesticide.gov.cn/service/aspx/B4.aspx）查询在该作物上登记使用的农药种类，获得在该作物上登记使用的农药清单。查询时应注意：一是农药除在具体的作物种类上登记使用外，还可能在一些作物的类或大类上登记使用，如蔬菜、果树、十字花科蔬菜、叶菜、豆类等。因此，查询时除直接输入该作物的关键词进行查询外，还应查询该作物所属的类或大类。二是农药混剂登记使用的，将组成该混剂的有效成分列入登记使用的农药清单。三是少数既是农药又是具有防腐保鲜功能的食品添加剂（如2，4-滴，在食品添加剂中叫2，4-二氯苯氧乙酸），根据《食品安全国家标准　食品添加剂使用标准》（GB 2760）可允许使用，也应列入登记使用的农药清单。

（3）将该作物登记使用的农药清单与NY/T 393附录A的“绿色食品生产允许使用的农药和其他植保产品清单”进行比较，同时出现在2个清单中的农药即为该作物的绿色食品生产中允许使用的农药。但NY/T 393的表A.1中所列产品，如未被我国农药登记管理部门纳入农药管理范围（如植物油、天然酸、蜂蜡、明胶、氢氧化钙、碳酸氢钾、黏土、二氧化碳、乙醇、海盐和盐水、软皂等），或绿色食品生产者可采用榨汁、配制和饲养等简单方法自产的（不添加其他化学物，如除虫菊科植物汁液、石硫合剂、波尔多液和天敌等），不受是否获得农药使用登记限制。

（4）一种农药混剂中的各种有效成分都是该作物的绿色食品生产中允许使用的农药，则该混剂也允许使用。

（5）在该作物的绿色食品生产中允许使用的农药清单中，选择对主要防治对象有效的农药品种和环保的剂型，提倡兼治和不同作用机理农药交替使用。

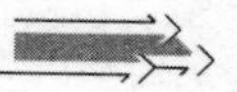

3.2.2.3　典型作物的允许使用农药

现以柑橘和甘蓝为例，确定具体作物允许使用农药的种类。除新版《绿色食品　农药使用准则》的表A.1中未被纳入农药登记管理范围的产品以及绿色食品生产者可采用简单方法自产的产品外，其他纳入农药登记管理范围的产品在柑橘和甘蓝2种典型作物绿色食品生产中的允许使用与否分析如下：

(1) A级绿色食品柑橘

常规柑橘生产中允许使用的农药共有90种，其中农业部登记在柑橘和（或）果树上使用的农药89种，2，4-二氯苯氧乙酸（2，4-滴）既是农药又是具有防腐保鲜功能的食品添加剂，虽然没有作为农药登记在柑橘上使用，但按照《食品安全国家标准　食品添加剂使用标准》（GB 2760）允许用于新鲜柑橘。按照NY/T 393—2000和NY/T 393—2013，在这90种农药中分别有41种和38种允许在A级绿色食品柑橘生产中使用，但其中有25种是两个版本都允许使用。另外，按照2015年对NY/T 393—2013允许使用农药清单的修改单报批稿，允许使用农药将减少2种（表3-1）。

表3-1　常规和A级绿色食品柑橘生产允许使用农药清单

序号	常规生产许可使用农药	常规生产使用许可依据	绿色食品生产允许使用情况	
			按照NY/T 393—2000	按照NY/T 393—2013
1	2，4-二氯苯氧乙酸（2，4-滴）	按照GB 2760可用于新鲜果蔬	不允许	允许（限作为植物生长调节剂使用）
2	2，4-滴二甲胺盐	柑橘上登记（除草）	不允许	不允许
3	S-氰戊菊酯	柑橘上登记	允许	允许*
4	阿维菌素	柑橘上登记	不允许	不允许
5	百草枯	柑橘上登记	允许	不允许
6	百菌清	柑橘上登记	不允许	不允许
7	苯丁锡	柑橘上登记	允许	允许
8	苯菌灵	柑橘上登记	不允许	不允许
9	苯醚甲环唑	柑橘上登记	不允许	不允许
10	吡虫啉	柑橘上登记	不允许	允许

（续）

序号	常规生产许可使用农药	常规生产使用许可依据	绿色食品生产允许使用情况	
			按照NY/T 393—2000	按照NY/T 393—2013
11	丙森锌	柑橘上登记	不允许	不允许
12	波尔多液	柑橘上登记	允许	允许
13	草甘膦	柑橘上登记	不允许	允许
14	柴油	柑橘上登记	不允许	不允许
15	赤霉酸（生化产物）	柑橘上登记	允许	允许
16	除虫脲	柑橘上登记	不允许	允许
17	春雷霉素	柑橘上登记	允许	允许
18	哒螨灵	柑橘上登记	不允许	不允许
19	代森锰锌	柑橘上登记	不允许	允许
20	单甲脒	柑橘上登记	不允许	不允许
21	单甲脒盐酸盐	柑橘上登记	不允许	不允许
22	稻丰散	柑橘上登记	允许	不允许
23	敌百虫	柑橘上登记	允许	不允许
24	敌敌畏	柑橘和果树上登记	不允许	不允许
25	丁硫克百威	柑橘上登记	不允许	不允许
26	啶虫脒	柑橘上登记	不允许	允许
27	毒死蜱	柑橘上登记	不允许	允许*
28	多菌灵	柑橘和果树上登记	不允许	允许
29	氟虫脲	柑橘上登记	允许	允许
30	复硝酚钠	柑橘上登记	不允许	不允许
31	高效氯氟氰菊酯	柑橘上登记	允许	允许
32	高效氯氰菊酯	柑橘上登记	允许	允许
33	机油	柑橘上登记	不允许	不允许
34	甲基硫菌灵	柑橘上登记	不允许	允许
35	甲氰菊酯	柑橘上登记	允许	允许
36	碱式硫酸铜	柑橘上登记	允许	不允许
37	克菌丹	柑橘上登记	不允许	允许
38	苦参碱	柑橘上登记	允许	允许
39	矿物油	柑橘上登记	允许	允许

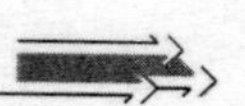

（续）

序号	常规生产许可使用农药	常规生产使用许可依据	绿色食品生产允许使用情况	
			按照 NY/T 393—2000	按照 NY/T 393—2013
40	喹硫磷	柑橘上登记	允许	不允许
41	乐果	柑橘上登记	允许	不允许
42	联苯菊酯	柑橘上登记	不允许	允许
43	硫黄	柑橘和果树上登记	允许	允许
44	硫酸链霉素	柑橘上登记	允许	允许*
45	硫酸铜钙	柑橘上登记	允许	不允许
46	络氨铜	柑橘上登记	不允许	不允许
47	氯氰菊酯	柑橘上登记	允许	允许*
48	马拉硫磷	柑橘和果树上登记	不允许	不允许
49	咪鲜胺	柑橘上登记	不允许	不允许
50	咪鲜胺锰盐	柑橘上登记	不允许	不允许
51	灭多威	柑橘上登记	不允许	不允许
52	氢氧化铜	柑橘上登记	允许	允许
53	氰戊菊酯	柑橘和果树上登记	允许	不允许
54	炔螨特	柑橘上登记	不允许	不允许
55	噻虫嗪	柑橘上登记	不允许	允许
56	噻菌灵	柑橘上登记	允许	允许
57	噻螨酮	柑橘上登记	允许	允许
58	噻嗪酮	柑橘上登记	允许	允许
59	噻唑锌	柑橘上登记	不允许	不允许
60	三氯杀螨醇	柑橘上登记	不允许	不允许
61	三十烷醇（生化产物）	柑橘上登记	允许	允许
62	三唑磷	柑橘上登记	不允许	不允许
63	三唑锡	柑橘上登记	允许	不允许
64	杀虫双	果树上登记	不允许	不允许**
65	杀铃脲	柑橘上登记	不允许	不允许
66	杀螟丹	柑橘上登记	允许	不允许
67	杀螟硫磷	果树上登记	不允许	不允许
68	杀扑磷	柑橘上登记	不允许	不允许

（续）

序号	常规生产许可使用农药	常规生产使用许可依据	绿色食品生产允许使用情况	
			按照 NY/T 393—2000	按照 NY/T 393—2013
69	石硫合剂	柑橘上登记	允许	允许
70	双胍三辛烷基苯磺酸盐	柑橘上登记	不允许	不允许
71	双甲脒	柑橘上登记	允许	不允许
72	水胺硫磷	柑橘上登记	不允许	不允许
73	顺式氯氰菊酯	柑橘上登记	允许	允许
74	四螨嗪	柑橘上登记	不允许	允许
75	松脂酸钠	柑橘上登记	允许	不允许**
76	王铜	柑橘上登记	允许	不允许
77	烯啶虫胺	柑橘上登记	不允许	不允许
78	烯唑醇	柑橘上登记	不允许	不允许
79	辛硫磷	柑橘和果树上登记	允许	允许
80	溴螨酯	柑橘上登记	允许	不允许
81	溴氰菊酯	柑橘上登记	允许	不允许
82	亚胺硫磷	柑橘上登记	不允许	不允许
83	烟碱	柑橘上登记	允许	不允许
84	氧乐果	柑橘上登记	不允许	不允许
85	乙酸铜	柑橘上登记	不允许	不允许
86	乙酰甲胺磷	柑橘上登记	不允许	不允许
87	抑霉唑	柑橘上登记	不允许	允许
88	印楝素	柑橘上登记	允许	允许
89	芸苔素内酯（生化产物）	柑橘上登记	允许	允许
90	唑螨酯	柑橘上登记	允许	允许

* 按照 2015 年对允许使用农药清单的修改单报批稿，该农药不允许在绿色食品生产中使用。

** 按照 2015 年对允许使用农药清单的修改单报批稿，该农药允许在绿色食品生产中使用。

（2）A 级绿色食品甘蓝

常规甘蓝生产中允许使用（在蔬菜、十字花科蔬菜或甘蓝上获得使用登记）的农药共有 79 种，在这 79 种农药中，按照 NY/T 393—2000 和 NY/T 393—2013 分别有 27 种和 43 种允许在 A 级绿色食品甘蓝生产中使用，其中23种两个版本均允许使用。另外，按照2015年对NY/T 393—2013允许使用农药清单的修改单报批稿，允许使用农药将减少1种（表3-2）。

表3-2 常规和A级绿色食品甘蓝生产允许使用农药清单

序号	常规生产许可使用农药	常规生产使用许可依据	绿色食品生产允许使用情况	
			按照NY/T 393—2000	按照NY/T 393—2013
1	S-氰戊菊酯	十字花科蔬菜、甘蓝上登记	允许	允许*
2	阿维菌素	十字花科蔬菜、甘蓝上登记	不允许	不允许
3	桉油精	十字花科蔬菜上登记	允许	允许
4	倍硫磷	蔬菜、十字花科蔬菜上登记	不允许	不允许
5	吡虫啉	蔬菜、十字花科蔬菜和甘蓝上登记	不允许	允许
6	丙溴磷	十字花科蔬菜、甘蓝上登记	不允许	允许
7	虫螨腈	十字花科蔬菜上登记	不允许	不允许
8	虫酰肼	十字花科蔬菜、甘蓝上登记	不允许	不允许
9	除虫菊素	十字花科蔬菜上登记	允许	允许
10	除虫脲	十字花科蔬菜上登记	不允许	允许
11	哒嗪硫磷	蔬菜上登记	不允许	不允许
12	代森锌	蔬菜上登记	不允许	允许
13	敌百虫	蔬菜、十字花科蔬菜和甘蓝上登记	不允许	不允许
14	敌敌畏	十字花科蔬菜、甘蓝上登记	不允许	不允许
15	丁硫克百威	甘蓝上登记	不允许	不允许
16	丁醚脲	十字花科蔬菜上登记	不允许	不允许
17	丁烯氟虫腈	甘蓝上登记	不允许	不允许
18	啶虫脒	十字花科蔬菜、甘蓝上登记	不允许	不允许
19	毒死蜱（2016年12月31日起禁用）	十字花科蔬菜、甘蓝上登记	不允许	暂时允许*
20	短稳杆菌	十字花科蔬菜上登记	允许	允许
21	多杀霉素	甘蓝上登记	允许	允许
22	二甲戊灵	甘蓝上登记	不允许	允许
23	氟啶脲	十字花科蔬菜、甘蓝上登记	允许	不允许

（续）

序号	常规生产许可使用农药	常规生产使用许可依据	绿色食品生产允许使用情况	
			按照 NY/T 393—2000	按照 NY/T 393—2013
24	氟铃脲	十字花科蔬菜、甘蓝上登记	不允许	允许
25	氟氯氰菊酯	十字花科蔬菜、甘蓝上登记	不允许	不允许
26	复硝酚钾	十字花科蔬菜上登记	不允许	不允许
27	高效氟吡甲禾灵	甘蓝上登记	不允许	不允许
28	高效氟氯氰菊酯	甘蓝上登记	不允许	不允许
29	高效氯氟氰菊酯	十字花科蔬菜、甘蓝上登记	不允许	允许
30	高效氯氰菊酯	蔬菜、十字花科蔬菜和甘蓝上登记	允许	允许
31	甲氨基阿维菌素苯甲酸盐	十字花科蔬菜、甘蓝上登记	不允许	允许
32	甲基硫菌灵	蔬菜上登记	不允许	允许
33	甲氰菊酯	十字花科蔬菜、甘蓝上登记	不允许	允许
34	甲氧虫酰肼	甘蓝上登记	不允许	不允许
35	精异丙甲草胺	甘蓝上登记	不允许	允许
36	抗蚜威	十字花科蔬菜、甘蓝上登记	不允许	允许
37	苦参碱	十字花科蔬菜、甘蓝上登记	允许	允许
38	苦皮藤素	十字花科蔬菜上登记	允许	允许
39	矿物油	十字花科蔬菜、甘蓝上登记	允许	允许
40	狼毒素	十字花科蔬菜上登记	不允许	不允许
41	乐果	蔬菜、十字花科蔬菜和甘蓝上登记	不允许	不允许
42	联苯菊酯	甘蓝上登记	不允许	允许
43	氯虫苯甲酰胺	甘蓝上登记	不允许	允许
44	氯氟氰菊酯	十字花科蔬菜上登记	不允许	允许
45	氯菊酯	蔬菜、十字花科蔬菜和甘蓝上登记	不允许	允许
46	氯氰菊酯	蔬菜、十字花科蔬菜和甘蓝上登记	允许	允许*
47	马拉硫磷	蔬菜、十字花科蔬菜和甘蓝上登记	不允许	不允许

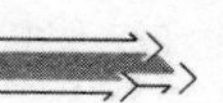

（续）

序号	常规生产许可使用农药	常规生产使用许可依据	绿色食品生产允许使用情况	
			按照NY/T 393—2000	按照NY/T 393—2013
48	醚菊酯	十字花科蔬菜、甘蓝上登记	允许	不允许**
49	灭多威	甘蓝上登记	不允许	不允许
50	灭幼脲	十字花科蔬菜、甘蓝上登记	不允许	允许
51	苜蓿银纹夜蛾核型多角体病毒	十字花科蔬菜上登记	允许	允许
52	萘乙酸	蔬菜上登记	允许	允许
53	氰氟虫腙	甘蓝上登记	不允许	不允许
54	氰戊菊酯	蔬菜、十字花科蔬菜和甘蓝上登记	允许	不允许
55	噻虫嗪	十字花科蔬菜、甘蓝上登记	不允许	允许
56	三氟甲吡醚	甘蓝上登记	不允许	不允许
57	三乙膦酸铝	蔬菜、十字花科蔬菜上登记	不允许	允许
58	三唑磷	十字花科蔬菜上登记	不允许	不允许
59	杀虫单	甘蓝上登记	不允许	不允许
60	杀虫双	蔬菜上登记	不允许	不允许**
61	杀螟丹	十字花科蔬菜、甘蓝上登记	不允许	不允许
62	杀螟松	蔬菜、十字花科蔬菜上登记	不允许	不允许
63	蛇床子素	十字花科蔬菜上登记	允许	允许
64	顺式氯氰菊酯	十字花科蔬菜、甘蓝上登记	允许	允许
65	四聚乙醛	蔬菜、十字花科蔬菜和甘蓝上登记	不允许	允许
66	苏云金杆菌	蔬菜、十字花科蔬菜和甘蓝上登记	允许	允许
67	甜菜夜蛾核型多角体病毒	十字花科蔬菜上登记	允许	允许
68	小菜蛾颗粒体病毒	十字花科蔬菜上登记	允许	允许
69	斜纹夜蛾核型多角体病毒	十字花科蔬菜上登记	允许	允许
70	辛硫磷	蔬菜、十字花科蔬菜和甘蓝上登记	允许	允许
71	溴氰菊酯	十字花科蔬菜、甘蓝上登记	不允许	不允许
72	烟碱	甘蓝上登记	允许	不允许

（续）

序号	常规生产许可使用农药	常规生产使用许可依据	绿色食品生产允许使用情况	
			按照 NY/T 393—2000	按照 NY/T 393—2013
73	乙基多杀菌素	甘蓝上登记	允许	允许
74	乙酰甲胺磷	蔬菜、十字花科蔬菜上登记	不允许	不允许
75	抑食肼	甘蓝上登记	不允许	不允许
76	印楝素	十字花科蔬菜、甘蓝上登记	允许	允许
77	茚虫威	十字花科蔬菜、甘蓝上登记	允许	允许
78	鱼藤酮	蔬菜、十字花科蔬菜和甘蓝上登记	允许	不允许
79	仲丁威	十字花科蔬菜上登记	不允许	不允许

*　按照 2015 年对允许使用农药清单的修改单报批稿，该农药不允许在绿色食品生产中使用。

**　按照 2015 年对允许使用农药清单的修改单报批稿，该农药允许在绿色食品生产中使用。

3.2.2.4　尽量选用环保剂型

目前，我国农药市场上占主流的仍是乳油和可湿性粉剂等老剂型，对环境的影响相对较大，但近年一些新的环保剂型相继出现，市场份额明显扩大。目前，市场上比较环保的剂型主要是水剂、悬浮剂、水分散粒剂、水乳剂、微乳剂、可溶粉剂、颗粒剂、可溶液剂、可溶粒剂和微囊悬浮剂等。绿色食品生产宜选用这些环保剂型。

3.2.3　明确合理使用规范及其可行性

从农药产品标签、中国农药信息网（http：//www.chinapesticide.gov.cn/）或农药合理使用准则（GB/T 8321）（表 2－15）等途径查询适用的作物和防治对象、使用剂量或浓度、施药方法、最多使用次数、安全间隔期（最后一次施药距采收的间隔天数）和注意事项等，明确拟使用农药在特定作物上的合理使用规范。结合拟使用田块作物生产的实际情况，分析落实这些合理使用规范的可行性，如该农药前期是否已经达到了最多使用次数、预期的采收时间是否与安全间隔期有矛盾等。如无法落实这些合理使用规范，则应考虑更换农药品种。

3.2.4　施药及其安全防护

将确定拟使用的农药种类及其合理使用规范通知施药人员及其他相关

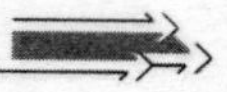

管理人员，并参照《农药贮运、销售和使用的防毒规程》（GB 12475）实施。

3.2.4.1 施药人员要求

第一，施药人员应为身体健康、具有一定用药知识的成年人。

第二，农药配制人员应掌握必要技术和熟悉所用农药性能。

第三，皮肤破损者、孕妇、哺乳期妇女和经期妇女不宜参与配药、施药作业。

3.2.4.2 施药前准备

第一，施药器械和配药器具宜专用，用前检查确认其完好，并备有必要的修理工具。

第二，根据农药毒性及施用方法，配备防护用具和清洗剂、毛巾等洗洁用品及足够的清水。

第三，在农药配制和施药过程中，操作人员应穿戴必要的防护用品。

3.2.4.3 农药配制

第一，配制农药应在远离住宅区、牲畜栏和水源的场地进行。

第二，应首先检查农药包装标签是否完好，并仔细阅读；按照标签或说明书选用配制方法，防止药剂溅洒、散落；按规定或推荐的药量和稀释倍数定量配药；配药过程中不要用手直接接触农药及其稀释液。

第三，药剂宜现配现用，已配好的尽可能采取密封措施；开装后余下农药应封闭保存，放入专库或专柜并上锁，不应与其他物品混合存放。

3.2.4.4 施药过程

第一，施药人员应根据农药毒性和施药方法佩戴相应防护用品（如防毒面具或防微粒口罩、防护服、防护胶靴、手套等）。

第二，施药中作业人员不允许吸烟、饮水和进食，不要用手直接擦拭面部；避免过累、过热。

第三，田间喷洒农药，作业人员要始终处于上风向位置；大风天气、高温季节中午不宜施喷农药。

第四，库房熏蒸时库内温度应低于 35 ℃；熏蒸作业必须由 2 人以上组成轮流进行，并设专人监护。

第五，农药拌种应在远离住宅区、水源、食品库、畜舍，并通风良好的场所进行，不得用手接触操作。

第六，施用高毒、剧毒农药，或熏蒸作业，必须有 2 名以上操作人员；与施药者至少每 2 h 保持一次联系。

第七，施药人员每日施药工作时间不超过 6 h，连续施药一般不超过 5 h。

第八，施药期间，非施药人员应远离施药区；临时在田间放置的农药、浸药种子及施药器械，应专人看管。

第九，农药喷溅到身体上要立即清洗，并更换干净衣物。

第十，施药人员如有头痛、头昏、恶心、呕吐等中毒症状时，应立即采取救治措施，并向医院提供农药名称、有效成分、个人防护情况、解毒方法和施药环境等相关信息。

3.2.4.5　施药后管理

第一，高毒和剧毒农药（绿色食品生产不允许使用）施药区、温室施药以及库房熏蒸应在醒目位置及时挂上“禁止入内”等标识，并注明农药名称、施药时间、再进入间隔期等。温室和库房必须经充分通风排毒后才可以进入。

第二，剩余或不用的农药应在确保标签完好的情况下分类存放；已配制的药剂，尽量一次性用完。

第三，农药配制和施药器具使用完毕后应消除余药，洗净后存放，但不应在水源边及水产养殖区冲洗。

第四，施药人员应及时脱下防护用品，洗除污染。

第五，应做好施药记录，内容包括：农药名称、来源、批号、作物和防治对象、用量、稀释倍数、使用时间和田块范围、天气情况、再进入间隔期、防治效果及其他非正常情况等。

附　录

ICS 65.100.01
B 17

中华人民共和国农业行业标准

NY/T 393—2013
代替 NY/T 393—2000

绿色食品　农药使用准则

Green food—Guideline for application of pesticide

2013-12-13 发布　　　　2014-04-01 实施

中华人民共和国农业部　发布

前　　言

本标准按照 GB/T 1.1—2009 给出的规则起草。

本标准代替 NY/T 393—2000《绿色食品　农药使用准则》。与NY/T 393—2000 相比，除编辑性修改外主要技术变化如下：

——增设引言；

——修改本标准的适用范围为绿色食品生产和仓储（见第 1 章）；

——删除 6 个术语定义，同时修改了其他 2 个术语的定义（见第 3 章）；

——将原标准第 5 章悬置段中有害生物综合防治原则方面的内容单独设为一章，并修改相关内容（见第 4 章）；

——将可使用的农药种类从原准许和禁用混合制改为单纯的准许清单制，删除原第 4 章“允许使用的农药种类”、原第 5 章中有关农药选用的内容和原附录 A，设“农药选用”一章规定农药的选用原则，将“绿色食品生产允许使用的农药和其他植保产品清单”以附录的形式给出（见第 5 章和附录 A）；

——将原第 5 章的标题“使用准则”改为“农药使用规范”，增加了关于施药时机和方式方面的规定，并修改关于施药剂量（或浓度）、施药次数和安全间隔期的规定（见第 6 章）；

——增设“绿色食品农药残留要求”一章，并修改残留限量要求（见第 7 章）。

本标准由农业部农产品质量安全监管局提出。

本标准由中国绿色食品发展中心归口。

本标准起草单位：浙江省农业科学院农产品质量标准研究所、中国绿色食品发展中心、中国农业大学理学院、农业部农产品及转基因产品质量安全监督检验测试中心（杭州）。

本标准主要起草人：张志恒、王强、潘灿平、刘艳辉、陈倩、李振、于国光、袁玉伟、孙彩霞、杨桂玲、徐丽红、郑蔚然、蔡铮。

本标准的历次版本发布情况为：

——NY/T 393—2000。

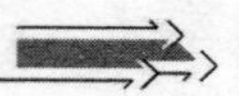

引　言

绿色食品是指产自优良生态环境、按照绿色食品标准生产、实行全程质量控制并获得绿色食品标志使用权的安全、优质食用农产品及相关产品。规范绿色食品生产中的农药使用行为，是保证绿色食品符合性的一个重要方面。

NY/T 393—2000 在绿色食品的生产和管理中发挥了重要作用。但 10 多年来，国内外在安全农药开发等方面的研究取得了很大进展，有效地促进了农药的更新换代；且农药风险评估技术方法、评估结论以及使用规范等方面的相关标准法规也出现了很大的变化。同时，随着绿色食品产业的发展，对绿色食品的认识趋于深化，在此过程中积累了很多实际经验。为了更好地规范绿色食品生产中的农药使用，有必要对 NY/T 393—2000 进行修订。

本次修订充分遵循了绿色食品对优质安全、环境保护和可持续发展的要求，将绿色食品生产中的农药使用更严格地限于农业有害生物综合防治的需要，并采用准许清单制进一步明确允许使用的农药品种。允许使用农药清单的制定以国内外权威机构的风险评估数据和结论为依据，按照低风险原则选择农药种类，其中，化学合成农药筛选评估时采用的慢性膳食摄入风险安全系数比国际上的一般要求提高 5 倍。

绿色食品 农药使用准则

1 范围

本标准规定了绿色食品生产和仓储中有害生物防治原则、农药选用、农药使用规范和绿色食品农药残留要求。

本标准适用于绿色食品的生产和仓储。

2 规范性引用文件

下列文件对于本文件的应用是必不可少的。凡是注日期的引用文件，仅注日期的版本适用于本文件。凡是不注日期的引用文件，其最新版本（包括所有的修改单）适用于本文件。

GB 2763 食品安全国家标准 食品中农药最大残留限量

GB/T 8321（所有部分） 农药合理使用准则

GB 12475 农药贮运、销售和使用的防毒规程

NY/T 391 绿色食品 产地环境质量

NY/T 1667（所有部分） 农药登记管理术语

3 术语和定义

NY/T 1667 界定的以及下列术语和定义适用于本文件。

3.1

AA 级绿色食品 AA grade green food

产地环境质量符合 NY/T 391 的要求，遵照绿色食品生产标准生产，生产过程中遵循自然规律和生态学原理，协调种植业和养殖业的平衡，不使用化学合成的肥料、农药、兽药、渔药、添加剂等物质，产品质量符合绿色食品产品标准，经专门机构许可使用绿色食品标志的产品。

3.2

A 级绿色食品 A grade green food

产地环境质量符合 NY/T 391 的要求，遵照绿色食品生产标准生产，生产过程中遵循自然规律和生态学原理，协调种植业和养殖业的平衡，限量使用限定的化学合成生产资料，产品质量符合绿色食品产品标准，经专门机构许可使用绿色食品标志的产品。

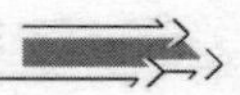

4　有害生物防治原则

4.1　以保持和优化农业生态系统为基础，建立有利于各类天敌繁衍和不利于病虫草害孳生的环境条件，提高生物多样性，维持农业生态系统的平衡。

4.2　优先采用农业措施，如抗病虫品种、种子种苗检疫、培育壮苗、加强栽培管理、中耕除草、耕翻晒垡、清洁田园、轮作倒茬、间作套种等。

4.3　尽量利用物理和生物措施，如用灯光、色彩诱杀害虫，机械捕捉害虫，释放害虫天敌，机械或人工除草等。

4.4　必要时，合理使用低风险农药。如没有足够有效的农业、物理和生物措施，在确保人员、产品和环境安全的前提下按照第 5、6 章的规定，配合使用低风险的农药。

5　农药选用

5.1　所选用的农药应符合相关的法律法规，并获得国家农药登记许可。

5.2　应选择对主要防治对象有效的低风险农药品种，提倡兼治和不同作用机理农药交替使用。

5.3　农药剂型宜选用悬浮剂、微囊悬浮剂、水剂、水乳剂、微乳剂、颗粒剂、水分散粒剂和可溶性粒剂等环境友好型剂型。

5.4　AA 级绿色食品生产应按照 A.1 的规定选用农药及其他植物保护产品。

5.5　A 级绿色食品生产应按照附录 A 的规定，优先从表 A.1 中选用农药。在表 A.1 所列农药不能满足有害生物防治需要时，还可适量使用 A.2 所列的农药。

6　农药使用规范

6.1　应在主要防治对象的防治适期，根据有害生物的发生特点和农药特性，选择适当的施药方式，但不宜采用喷粉等风险较大的施药方式。

6.2　应按照农药产品标签或 GB/T 8321 和 GB 12475 的规定使用农药，控制施药剂量（或浓度）、施药次数和安全间隔期。

7 绿色食品农药残留要求

7.1 绿色食品生产中允许使用的农药，其残留量应不低于 GB 2763 的要求。

7.2 在环境中长期残留的国家明令禁用农药，其再残留量应符合 GB 2763 的要求。

7.3 其他农药的残留量不应超过 0.01 mg/kg，并应符合 GB 2763 的要求。

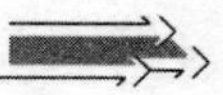

附　录　A
（规范性附录）
绿色食品生产允许使用的农药和其他植保产品清单

A.1　AA级和A级绿色食品生产均允许使用的农药和其他植保产品清单

见表A.1。

表A.1　AA级和A级绿色食品生产均允许使用的农药和其他植保产品清单

类别	组分名称	备　注
Ⅰ.植物和动物来源	楝素（苦楝、印楝等提取物，如印楝素等）	杀虫
	天然除虫菊素（除虫菊科植物提取液）	杀虫
	苦参碱及氧化苦参碱（苦参等提取物）	杀虫
	蛇床子素（蛇床子提取物）	杀虫、杀菌
	小檗碱（黄连、黄柏等提取物）	杀菌
	大黄素甲醚（大黄、虎杖等提取物）	杀菌
	乙蒜素（大蒜提取物）	杀菌
	苦皮藤素（苦皮藤提取物）	杀虫
	藜芦碱（百合科藜芦属和喷嚏草属植物提取物）	杀虫
	桉油精（桉树叶提取物）	杀虫
	植物油（如薄荷油、松树油、香菜油、八角茴香油）	杀虫、杀螨、杀真菌、抑制发芽
	寡聚糖（甲壳素）	杀菌、植物生长调节
	天然诱集和杀线虫剂（如万寿菊、孔雀草、芥子油）	杀线虫
	天然酸（如食醋、木醋和竹醋等）	杀菌
	菇类蛋白多糖（菇类提取物）	杀菌
	水解蛋白质	引诱
	蜂蜡	保护嫁接和修剪伤口
	明胶	杀虫
	具有驱避作用的植物提取物（大蒜、薄荷、辣椒、花椒、薰衣草、柴胡、艾草的提取物）	驱避
	害虫天敌（如寄生蜂、瓢虫、草蛉等）	控制虫害

表 A.1（续）

类别	组分名称	备　注
Ⅱ. 微生物来源	真菌及真菌提取物（白僵菌、轮枝菌、木霉菌、耳霉菌、淡紫拟青霉、金龟子绿僵菌、寡雄腐霉菌等）	杀虫、杀菌、杀线虫
	细菌及细菌提取物（苏云金芽孢杆菌、枯草芽孢杆菌、蜡质芽孢杆菌、地衣芽孢杆菌、多黏类芽孢杆菌、荧光假单胞杆菌、短稳杆菌等）	杀虫、杀菌
	病毒及病毒提取物（核型多角体病毒、质型多角体病毒、颗粒体病毒等）	杀虫
	多杀霉素、乙基多杀菌素	杀虫
	春雷霉素、多抗霉素、井冈霉素、（硫酸）链霉素、嘧啶核苷类抗菌素、宁南霉素、申嗪霉素和中生菌素	杀菌
	S-诱抗素	植物生长调节
Ⅲ. 生物化学产物	氨基寡糖素、低聚糖素、香菇多糖	防病
	几丁聚糖	防病、植物生长调节
	苄氨基嘌呤、超敏蛋白、赤霉酸、羟烯腺嘌呤、三十烷醇、乙烯利、吲哚丁酸、吲哚乙酸、芸薹素内酯	植物生长调节
Ⅳ. 矿物来源	石硫合剂	杀菌、杀虫、杀螨
	铜盐（如波尔多液、氢氧化铜等）	杀菌，每年铜使用量不能超过 6 kg/ hm^2
	氢氧化钙（石灰水）	杀菌、杀虫
	硫黄	杀菌、杀螨、驱避
	高锰酸钾	杀菌，仅用于果树
	碳酸氢钾	杀菌
	矿物油	杀虫、杀螨、杀菌
	氯化钙	仅用于治疗缺钙症
	硅藻土	杀虫
	黏土（如斑脱土、珍珠岩、蛭石、沸石等）	杀虫
	硅酸盐（硅酸钠、石英）	驱避
	硫酸铁（3 价铁离子）	杀软体动物
Ⅴ. 其他	氢氧化钙	杀菌
	二氧化碳	杀虫，用于贮存设施
	过氧化物类和含氯类消毒剂（如过氧乙酸、二氧化氯、二氯异氰尿酸钠、三氯异氰尿酸等）	杀菌，用于土壤和培养基质消毒
	乙醇	杀菌
	海盐和盐水	杀菌，仅用于种子（如稻谷等）处理
	软皂（钾肥皂）	杀虫
	乙烯	催熟等
	石英砂	杀菌、杀螨、驱避
	昆虫性外激素	引诱，仅用于诱捕器和散发皿内
	磷酸氢二铵	引诱，只限用于诱捕器中使用

注 1： 该清单每年都可能根据新的评估结果发布修改单。

注 2： 国家新禁用的农药自动从该清单中删除。

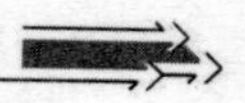

A.2　A级绿色食品生产允许使用的其他农药清单

当表A.1所列农药和其他植保产品不能满足有害生物防治需要时，A级绿色食品生产还可按照农药产品标签或GB/ T 8321的规定使用下列农药：

a）　杀虫剂

1）　S-氰戊菊酯　esfenvalerate
2）　吡丙醚　pyriproxifen
3）　吡虫啉　imidacloprid
4）　吡蚜酮　pymetrozine
5）　丙溴磷　profenofos
6）　除虫脲　diflubenzuron
7）　啶虫脒　acetamiprid
8）　毒死蜱　chlorpyrifos
9）　氟虫脲　flufenoxuron
10）　氟啶虫酰胺　flonicamid
11）　氟铃脲　hexaflumuron
12）　高效氯氰菊酯　beta-cypermethrin
13）　甲氨基阿维菌素苯甲酸盐　emamectin benzoate
14）　甲氰菊酯　fenpropathrin
15）　抗蚜威　pirimicarb
16）　联苯菊酯　bifenthrin
17）　螺虫乙酯　spirotetramat
18）　氯虫苯甲酰胺　chlorantraniliprole
19）　氯氟氰菊酯　cyhalothrin
20）　氯菊酯　permethrin
21）　氯氰菊酯　cypermethrin
22）　灭蝇胺　cyromazine
23）　灭幼脲　chlorbenzuron
24）　噻虫啉　thiacloprid
25）　噻虫嗪　thiamethoxam
26）　噻嗪酮　buprofezin
27）　辛硫磷　phoxim
28）　茚虫威　indoxacard

b）　杀螨剂

1）　苯丁锡　fenbutatin oxide

2）　喹螨醚　fenazaquin

3）　联苯肼酯　bifenazate

4）　螺螨酯　spirodiclofen

5）　噻螨酮　hexythiazox

6）　四螨嗪　clofentezine

7）　乙螨唑　etoxazole

8）　唑螨酯　fenpyroximate

c）　杀软体动物剂

四聚乙醛　metaldehyde

d）　杀菌剂

1）　吡唑醚菌酯　pyraclostrobin

2）　丙环唑　propiconazol

3）　代森联　metriam

4）　代森锰锌　mancozeb

5）　代森锌　zineb

6）　啶酰菌胺　boscalid

7）　啶氧菌酯　picoxystrobin

8）　多菌灵　carbendazim

9）　噁霉灵　hymexazol

10）　噁霜灵　oxadixyl

11）　粉唑醇　flutriafol

12）　氟吡菌胺　fluopicolide

13）　氟啶胺　fluazinam

14）　氟环唑　epoxiconazole

15）　氟菌唑　triflumizole

16）　腐霉利　procymidone

17）　咯菌腈　fludioxonil

18）　甲基立枯磷　tolclofos-methyl

19）　甲基硫菌灵　thiophanate-methyl

20）　甲霜灵　metalaxyl

21）　腈苯唑　fenbuconazole

22）　腈菌唑　myclobutanil

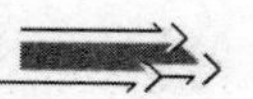

23）　精甲霜灵　metalaxyl-M
24）　克菌丹　captan
25）　醚菌酯　kresoxim-methyl
26）　嘧菌酯　azoxystrobin
27）　嘧霉胺　pyrimethanil
28）　氰霜唑　cyazofamid
29）　噻菌灵　thiabendazole
30）　三乙膦酸铝　fosetyl-aluminium
31）　三唑醇　triadimenol
32）　三唑酮　triadimefon
33）　双炔酰菌胺　mandipropamid
34）　霜霉威　propamocarb
35）　霜脲氰　cymoxanil
36）　萎锈灵　carboxin
37）　戊唑醇　tebuconazole
38）　烯酰吗啉　dimethomorph
39）　异菌脲　iprodione
40）　抑霉唑　imazalil

e）　熏蒸剂

1）　棉隆 dazomet
2）　威百亩 metam-sodium

f）　除草剂

1）　2 甲 4 氯　MCPA
2）　氨氯吡啶酸　picloram
3）　丙炔氟草胺　flumioxazin
4）　草铵膦　glufosinate-ammonium
5）　草甘膦　glyphosate
6）　敌草隆　diuron
7）　噁草酮　oxadiazon
8）　二甲戊灵　pendimethalin
9）　二氯吡啶酸　clopyralid
10）　二氯喹啉酸　quinclorac
11）　氟唑磺隆　flucarbazone-sodium
12）　禾草丹　thiobencarb

13)　禾草敌　molinate
14)　禾草灵　diclofop-methyl
15)　环嗪酮　hexazinone
16)　磺草酮　sulcotrione
17)　甲草胺　alachlor
18)　精吡氟禾草灵　fluazifop-P
19)　精喹禾灵　quizalofop-P
20)　绿麦隆　chlortoluron
21)　氯氟吡氧乙酸（异辛酸）　fluroxypyr
22)　氯氟吡氧乙酸异辛酯　fluroxypyr-mepthyl
23)　麦草畏　dicamba
24)　咪唑喹啉酸　imazaquin
25)　灭草松　bentazone
26)　氰氟草酯　cyhalofop butyl
27)　炔草酯　clodinafop-propargyl
28)　乳氟禾草灵　lactofen
29)　噻吩磺隆　thifensulfuron-methyl
30)　双氟磺草胺　florasulam
31)　甜菜安　desmedipham
32)　甜菜宁　phenmedipham
33)　西玛津　simazine
34)　烯草酮　clethodim
35)　烯禾啶　sethoxydim
36)　硝磺草酮　mesotrione
37)　野麦畏　tri-allate
38)　乙草胺　acetochlor
39)　乙氧氟草醚　oxyfluorfen
40)　异丙甲草胺　metolachlor
41)　异丙隆　isoproturon
42)　莠灭净　ametryn
43)　唑草酮　carfentrazone-ethyl
44)　仲丁灵　butralin

g)　植物生长调节剂

1)　2，4-滴　2，4-D（只允许作为植物生长调节剂使用）

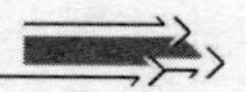

2）　矮壮素　chlormequat
3）　多效唑　paclobutrazol
4）　氯吡脲　forchlorfenuron
5）　萘乙酸　1-naphthal acetic acid
6）　噻苯隆　thidiazuron
7）　烯效唑　uniconazole

注 1：该清单每年都可能根据新的评估结果发布修改单。

注 2：国家新禁用的农药自动从该清单中删除。

主要参考文献

陈英，谭碧玥，黄敏仁，2012. 植物天然免疫系统研究进展［J］. 南京林业大学学报（自然科学版），36（1）：129－136.
傅桂平，李光英，季颖，等，2012. 部分高风险农药及特殊农药登记管理政策综述［J］. 农药科学与管理，33（8）：13－17.
高东，何霞红，朱书生，2011. 利用农业生物多样性持续控制有害生物［J］. 生态学报，31（24）：7617－7624.
顾宝根，2014. 国内外农药管理制度的比较及启示［J］. 世界农药，36（2）：1－5.
嵇莉莉，朴秀英，宗伏霖，等，2013. 我国农药登记情况分析［J］. 农药科学与管理，34（12）：18－22.
纪明山，2011. 农药在现代化农业中的作用［J］. 环境保护与循环经济（3）：31－33.
简秋，单炜力，段丽芳，等，2012. 我国农产品及食品中农药最大残留限量制定指导原则［J］. 农药科学与管理，33（6）：24－27.
蒋品，贺建强，王荣敏，2008. 果树常用农药剂型的特点和注意事项［J］. 北京农业（5）：34.
金孟肖，邓国荣，杨皇红，1990. 农林植物病虫生物防治漫谈［J］. 广西植保（4）：23－25.
金水高，2008. 中国居民营养与健康状况调查报告之十：2002 年营养与健康状况数据集［M］. 北京：人民卫生出版社.
李晓强，孙跃先，叶光祎，等，2008. 使用化学农药对农业生物多样性的影响［J］. 云南大学学报（自然科学版），30（S2）：365－369.
沈寅初，1996. 井冈霉素研究开发 25 年［J］. 植物保护，22（4）：44－45.
田明义，彭世宽，杜远荣，等，1995. 助迁、保护捕食性天敌控制桔全爪螨［J］. 中国生物防治，11（2）：49－51.
王大生，张帆，2005. 国内外天敌昆虫产业现状. 第五届生物多样性保护与利用高新科学技术国际研讨会论文集［C］. 44－48.
王以燕，袁善奎，吴厚斌，等，2012. 我国生物源及矿物源农药应用发展现状［J］. 农药，51（5）：313－316，322.
王以燕，张桂婷，2010. 中国的农药登记管理制度［J］. 世界农药，32（3）：13－17，35.
武丽辉，赵永辉，吴厚斌，等，2014. 农药管理的现状与思考［J］. 农药，53（10）：771－772.

张建平，徐利敏，张建忠，等，1997. 综合防治的概念、由来及未来［J］. 内蒙古农业科技（6）：31－32.

张志恒，董国堃，1993. 杂交稻春季制种对稻粒黑粉病的控制作用［J］. 浙江农业科学（1）：30.

张志恒，2013. 有机食品标准法规与生产技术［M］. 北京：化学工业出版社.

中华人民共和国履行《关于持久性有机污染物的斯德哥尔摩公约》国家实施计划［OL］. http：//cese. pku. edu. cn/keditor/attached/file/20130618/20130618182019731973. pdf.

中华人民共和国农业部农药检定所. 中国农药信息网［OL］. http：//www. chinapesticide. gov. cn/.

Alan Knowles，商建，刘峰，2011. 安全农药剂型和农药助剂的发展趋势［J］. 世界农药，33（4）：52－56.

CAC. Pesticide Residues in Food and Feed［OL］. http：//www. codexalimentarius. net/pestres/data/index. html.

FAO，2009. Submission and evaluation of pesticide residues data for the estimation of maximum residue levels in food and feed［OL］. Rome：FAO.

IUPAC. Pesticides Properties Database［OL］. http：//sitem. herts. ac. uk/aeru/iupac/.

JMPR. Monographs of toxicological evaluations［OL］. http：//www. inchem. org/pages/jmpr. html.

Pesticide Action Network North America（PANNA）. The PAN Pesticides Database［OL］. http：//www. pesticideinfo. org/List _ ChemicalsAlpha. jsp.

WHO，2010 . The WHO Recommended Classification of Pesticides by Hazard and guidelines to classification：2009［M］. Geneva：WHO Press.